21世纪高等学校规划教材 | 计算机应用

Visual Basic.NET
实践教程

叶苗群　主　编
江宝钏　副主编
蒋志迪　张巍　邵枫　编　著

清华大学出版社
北　京

内 容 简 介

本书是各类高等院校、高职院校 Visual Basic .NET 程序设计语言课程的实践指导书。本书共分 4 部分：第一部分为基本实验，每个实验由实验目的、实验预备知识、实验内容、常见错误与难点分析、习题等构成，共有 8 个基本实验；第二部分为提高性实验，提供了面向对象程序设计、数据库应用、图形应用程序 3 个提高性实验；第三部分为编程实例，包括扫雷程序、画图软件、电子邮件收发程序、MP3 播放器和考试系统等典型案例的详细实现过程；第四部分为综合练习题，涵盖了基本概念的选择题、判断题、程序填空与程序设计的综合练习及参考答案。

本书内容丰富、由浅入深、循序渐进，实验安排得当，习题丰富，并配有习题答案，既可作为高等院校 Visual Basic .NET 程序设计课程的实验教材，也可作为广大程序设计爱好者的自学辅导用书。

本书封面贴有清华大学出版社防伪标签，无标签者不得销售。
版权所有，侵权必究。侵权举报电话：010-62782989　13701121933

图书在版编目(CIP)数据

Visual Basic .NET 实践教程/叶苗群主编. —北京：清华大学出版社，2013.2(2014.2 重印)
(21 世纪高等学校规划教材·计算机应用)
ISBN 978-7-302-30738-9

Ⅰ. ①V… Ⅱ. ①叶… Ⅲ. ①BASIC 语言—程序设计—高等学校—教材　Ⅳ. ①TP312

中国版本图书馆 CIP 数据核字(2013)第 283981 号

责任编辑：闫红梅　李　晔
封面设计：傅瑞学
责任校对：梁　毅
责任印制：宋　林

出版发行：清华大学出版社
网　　址：http://www.tup.com.cn, http://www.wqbook.com
地　　址：北京清华大学学研大厦 A 座　　邮　编：100084
社 总 机：010-62770175　　邮　购：010-62786544
投稿与读者服务：010-62776969, c-service@tup.tsinghua.edu.cn
质 量 反 馈：010-62772015, zhiliang@tup.tsinghua.edu.cn
课 件 下 载：http://www.tup.com.cn, 010-62795954

印 装 者：北京鑫海金澳胶印有限公司
经　　销：全国新华书店
开　　本：185mm×260mm　　印　张：12.75　　字　数：317 千字
版　　次：2013 年 2 月第 1 版　　印　次：2014 年 2 月第 2 次印刷
印　　数：3001～5000
定　　价：23.00 元

产品编号：046045-01

编审委员会成员

（按地区排序）

清华大学	周立柱	教授
	覃　征	教授
	王建民	教授
	冯建华	教授
	刘　强	副教授
北京大学	杨冬青	教授
	陈　钟	教授
	陈立军	副教授
北京航空航天大学	马殿富	教授
	吴超英	副教授
	姚淑珍	教授
中国人民大学	王　珊	教授
	孟小峰	教授
	陈　红	教授
北京师范大学	周明全	教授
北京交通大学	阮秋琦	教授
	赵　宏	副教授
北京信息工程学院	孟庆昌	教授
北京科技大学	杨炳儒	教授
石油大学	陈　明	教授
天津大学	艾德才	教授
复旦大学	吴立德	教授
	吴百锋	教授
	杨卫东	副教授
同济大学	苗夺谦	教授
	徐　安	教授
华东理工大学	邵志清	教授
华东师范大学	杨宗源	教授
	应吉康	教授
东华大学	乐嘉锦	教授
	孙　莉	副教授

浙江大学	吴朝晖	教授
	李善平	教授
扬州大学	李　云	教授
南京大学	骆　斌	教授
	黄　强	副教授
南京航空航天大学	黄志球	教授
	秦小麟	教授
南京理工大学	张功萱	教授
南京邮电学院	朱秀昌	教授
苏州大学	王宜怀	教授
	陈建明	副教授
江苏大学	鲍可进	教授
中国矿业大学	张　艳	教授
武汉大学	何炎祥	教授
华中科技大学	刘乐善	教授
中南财经政法大学	刘腾红	教授
华中师范大学	叶俊民	教授
	郑世珏	教授
	陈　利	教授
江汉大学	颜　彬	教授
国防科技大学	赵克佳	教授
	邹北骥	教授
中南大学	刘卫国	教授
湖南大学	林亚平	教授
西安交通大学	沈钧毅	教授
	齐　勇	教授
长安大学	巨永锋	教授
哈尔滨工业大学	郭茂祖	教授
吉林大学	徐一平	教授
	毕　强	教授
山东大学	孟祥旭	教授
	郝兴伟	教授
厦门大学	冯少荣	教授
厦门大学嘉庚学院	张思民	教授
云南大学	刘惟一	教授
电子科技大学	刘乃琦	教授
	罗　蕾	教授
成都理工大学	蔡　淮	教授
	于　春	副教授
西南交通大学	曾华燊	教授

出版说明

随着我国改革开放的进一步深化,高等教育也得到了快速发展,各地高校紧密结合地方经济建设发展需要,科学运用市场调节机制,加大了使用信息科学等现代科学技术提升、改造传统学科专业的投入力度,通过教育改革合理调整和配置了教育资源,优化了传统学科专业,积极为地方经济建设输送人才,为我国经济社会的快速、健康和可持续发展以及高等教育自身的改革发展做出了巨大贡献。但是,高等教育质量还需要进一步提高以适应经济社会发展的需要,不少高校的专业设置和结构不尽合理,教师队伍整体素质亟待提高,人才培养模式、教学内容和方法需要进一步转变,学生的实践能力和创新精神亟待加强。

教育部一直十分重视高等教育质量工作。2007年1月,教育部下发了《关于实施高等学校本科教学质量与教学改革工程的意见》,计划实施"高等学校本科教学质量与教学改革工程"(简称"质量工程"),通过专业结构调整、课程教材建设、实践教学改革、教学团队建设等多项内容,进一步深化高等学校教学改革,提高人才培养的能力和水平,更好地满足经济社会发展对高素质人才的需要。在贯彻和落实教育部"质量工程"的过程中,各地高校发挥师资力量强、办学经验丰富、教学资源充裕等优势,对其特色专业及特色课程(群)加以规划、整理和总结,更新教学内容、改革课程体系,建设了一大批内容新、体系新、方法新、手段新的特色课程。在此基础上,经教育部相关教学指导委员会专家的指导和建议,清华大学出版社在多个领域精选各高校的特色课程,分别规划出版系列教材,以配合"质量工程"的实施,满足各高校教学质量和教学改革的需要。

为了深入贯彻落实教育部《关于加强高等学校本科教学工作,提高教学质量的若干意见》精神,紧密配合教育部已经启动的"高等学校教学质量与教学改革工程精品课程建设工作",在有关专家、教授的倡议和有关部门的大力支持下,我们组织并成立了"清华大学出版社教材编审委员会"(以下简称"编委会"),旨在配合教育部制定精品课程教材的出版规划,讨论并实施精品课程教材的编写与出版工作。"编委会"成员皆来自全国各类高等学校教学与科研第一线的骨干教师,其中许多教师为各校相关院、系主管教学的院长或系主任。

按照教育部的要求,"编委会"一致认为,精品课程的建设工作从开始就要坚持高标准、严要求,处于一个比较高的起点上。精品课程教材应该能够反映各高校教学改革与课程建设的需要,要有特色风格、有创新性(新体系、新内容、新手段、新思路,教材的内容体系有较高的科学创新、技术创新和理念创新的含量)、先进性(对原有的学科体系有实质性的改革和发展,顺应并符合21世纪教学发展的规律,代表并引领课程发展的趋势和方向)、示范性(教材所体现的课程体系具有较广泛的辐射性和示范性)和一定的前瞻性。教材由个人申报或各校推荐(通过所在高校的"编委会"成员推荐),经"编委会"认真评审,最后由清华大学出版社审定出版。

目前,针对计算机类和电子信息类相关专业成立了两个"编委会",即"清华大学出版社计算机教材编审委员会"和"清华大学出版社电子信息教材编审委员会"。推出的特色精品教材包括:

(1) 21 世纪高等学校规划教材·计算机应用——高等学校各类专业,特别是非计算机专业的计算机应用类教材。

(2) 21 世纪高等学校规划教材·计算机科学与技术——高等学校计算机相关专业的教材。

(3) 21 世纪高等学校规划教材·电子信息——高等学校电子信息相关专业的教材。

(4) 21 世纪高等学校规划教材·软件工程——高等学校软件工程相关专业的教材。

(5) 21 世纪高等学校规划教材·信息管理与信息系统。

(6) 21 世纪高等学校规划教材·财经管理与应用。

(7) 21 世纪高等学校规划教材·电子商务。

(8) 21 世纪高等学校规划教材·物联网。

清华大学出版社经过三十多年的努力,在教材尤其是计算机和电子信息类专业教材出版方面树立了权威品牌,为我国的高等教育事业做出了重要贡献。清华版教材形成了技术准确、内容严谨的独特风格,这种风格将延续并反映在特色精品教材的建设中。

清华大学出版社教材编审委员会
联系人:魏江江
E-mail:weijj@tup.tsinghua.edu.cn

前 言

随着计算机技术的快速发展，Microsoft 公司于 2002 年正式推出 Visual Studio .NET。Visual Basic .NET(简称 VB .NET)是 .NET 技术的一个重要组成部分。由于 VB .NET 的广泛应用，引起了广大计算机开发者和爱好者的学习兴趣，近年来不少学校已把 VB .NET 程序设计语言作为大学生的入门语言，因此对适合不同专业学生需要和不同层次人员要求的 VB .NET 程序设计辅助教材的需求也就更为迫切。

教学实践的经验告诉我们，相同理论深度和统一的实验要求，并不适合大众化教育学生能力的培养，也不能满足不同专业的学生对 VB .NET 程序设计的不同层次的要求。本书从培养学生扎实的编程基础和提高学生的实践能力两方面入手，也就是从宏观上围绕着学生掌握 VB .NET 程序设计的基本方法(基本实验)和提高学生 VB .NET 应用能力(提高性实验)两个方面来组织内容，从微观上以深入浅出、循序渐进的方式，引导学生步入 VB .NET 程序设计的大门，以满足不同层次人员的需要。

本书弱化程序设计语法，重点以编程的思想、算法的训练和逻辑思维的培养为主线，强化实际应用，突出实践能力将 VB .NET 程序设计中的常用控件和程序设计语言知识点有机结合在一起，这样有利于知识点的巩固和整合，能快速掌握相应的控件，亦可解决教学学时紧的矛盾。

本书共分 4 部分：

第一部分为基本实验，学习 VB .NET 必须要掌握的内容，是加强学生基本功的训练。

第二部分为提高性实验，属于应用开发或高级技术一类。两部分每个实验由实验目的、实验预备知识、实验内容、常见错误与难点分析、习题等构成。

第三部分为编程实例，这些实例大多来自作者多年的工作和应用软件开发实践，实例具有较强的趣味性或实用性，例如扫雷游戏、画图软件、MP3 播放器、电子邮件发送程序和考试系统等，其目的是激发学生对程序设计的兴趣，也是对所学知识的进一步整合和提高。

第四部分为综合练习题，主要包括基本概念的选择题、程序填空与程序设计等的综合练习及其参考答案，供学生在学习课程后进行全面复习和自我测试。

本书进行分层次编排，将创新思维和创新实践能力培养贯穿于实验中。每个实验分为：容易题，最好能实验课中当堂提交；中等题，规定时间内上交；难题，适合学有余力的同学选做。实验前面部分内容有详细的分析和提示，同时给出了部分参考程序，便于学生快速地学习和掌握；对于后面部分内容，则只给出编程提示甚至没有任何提示，以培养学生自己分析问题和解决问题的能力。

本书得到了宁波市服务型重点建设专业、创新服务型电子信息专业群(sfwxzdzy2009)资助。本书第一部分的实验 1~4 由叶苗群编写，第一部分的实验 5、实验 7 由蒋志迪编写，第一部分的实验 6 和第二部分的实验 1 和实验 2 由张巍编写，第一部分的实验 8 和第二部分的实验 3 由邵枫编写。第三部分编程实例由叶苗群编写，第四部分综合练习题由叶苗群和江宝钏共同编写。全书由叶苗群主编,对各实验内容进行了调整和修改,负责总体设计并最后定稿。

这里要感谢有关专家、教师长期以来对本书的关心、支持与帮助。本书的构思是一种新的尝试,而且由于时间紧迫和作者水平有限,虽经反复修改,错误与问题难免,恳请专家和广大读者批评指正。

本书配有每个实验的程序代码,每个程序都经过上机验证通过,可供教师和学生参考使用。使用本书的需要者请与作者联系。地址:宁波大学信息学院,邮编:315211,E-mail:yemiaoqun@nbu.edu.cn。

编 者

2012 年 12 月

目 录

第一部分　基本实验 ·· 1

　实验 1　VB.NET 环境和可视化编程基础 ·· 1

　　　一、实验目的 ··· 1

　　　二、实验预备知识 ··· 1

　　　三、实验内容 ··· 5

　　　四、常见错误与难点分析 ·· 14

　　　五、习题 ··· 16

　实验 2　顺序结构程序设计 ·· 18

　　　一、实验目的 ··· 18

　　　二、实验预备知识 ··· 19

　　　三、实验内容 ··· 21

　　　四、常见错误与难点分析 ·· 25

　　　五、习题 ··· 27

　实验 3　选择结构程序设计 ·· 32

　　　一、实验目的 ··· 32

　　　二、实验预备知识 ··· 32

　　　三、实验内容 ··· 37

　　　四、常见错误与难点分析 ·· 41

　　　五、习题 ··· 42

　实验 4　循环结构程序设计 ·· 47

　　　一、实验目的 ··· 47

　　　二、实验预备知识 ··· 47

　　　三、实验内容 ··· 49

　　　四、常见错误与难点分析 ·· 56

　　　五、习题 ··· 58

　实验 5　数组 ·· 64

　　　一、实验目的 ··· 64

　　　二、实验预备知识 ··· 64

　　　三、实验内容 ··· 67

　　　四、常见错误与难点分析 ·· 74

　　　五、习题 ··· 75

　实验 6　过程 ·· 78

一、实验目的 …………………………………………………………………… 78
　　二、实验预备知识 ……………………………………………………………… 78
　　三、实验内容 …………………………………………………………………… 81
　　四、常见错误与难点分析 ……………………………………………………… 83
　　五、习题 ………………………………………………………………………… 84
实验 7　用户界面设计 ……………………………………………………………… 87
　　一、实验目的 …………………………………………………………………… 87
　　二、实验预备知识 ……………………………………………………………… 87
　　三、实验内容 …………………………………………………………………… 90
　　四、常见错误与难点分析 ……………………………………………………… 93
　　五、习题 ………………………………………………………………………… 94
实验 8　数据文件 …………………………………………………………………… 96
　　一、实验目的 …………………………………………………………………… 96
　　二、实验预备知识 ……………………………………………………………… 96
　　三、实验内容 …………………………………………………………………… 98
　　四、常见错误与难点分析 ……………………………………………………… 101
　　五、习题 ………………………………………………………………………… 101

第一部分实验习题参考答案 …………………………………………………… 104

第二部分　提高性实验 …………………………………………………………… 108

实验 1　面向对象程序设计 ………………………………………………………… 108
　　一、实验目的 …………………………………………………………………… 108
　　二、实验预备知识 ……………………………………………………………… 108
　　三、实验内容 …………………………………………………………………… 110
　　四、常见错误与难点分析 ……………………………………………………… 113
　　五、习题 ………………………………………………………………………… 114
实验 2　数据库应用 ………………………………………………………………… 115
　　一、实验目的 …………………………………………………………………… 115
　　二、实验预备知识 ……………………………………………………………… 116
　　三、实验内容 …………………………………………………………………… 117
　　四、常见错误与难点分析 ……………………………………………………… 119
　　五、习题 ………………………………………………………………………… 120
实验 3　图形应用程序 ……………………………………………………………… 120
　　一、实验目的 …………………………………………………………………… 120
　　二、实验预备知识 ……………………………………………………………… 120
　　三、实验内容 …………………………………………………………………… 122
　　四、常见错误与难点分析 ……………………………………………………… 123
　　五、习题 ………………………………………………………………………… 124

第二部分实验习题参考答案 …………………………………………………………… 125

第三部分　编程实例 ……………………………………………………………………… 127

　　3.1　扫雷程序 ………………………………………………………………………… 127
　　　　3.1.1　程序功能 ………………………………………………………………… 127
　　　　3.1.2　程序分析与代码 ………………………………………………………… 128
　　3.2　画图软件 ………………………………………………………………………… 131
　　　　3.2.1　程序功能 ………………………………………………………………… 131
　　　　3.2.2　程序分析与代码 ………………………………………………………… 132
　　3.3　MP3 播放器 ……………………………………………………………………… 138
　　　　3.3.1　程序功能 ………………………………………………………………… 138
　　　　3.3.2　知识准备 ………………………………………………………………… 140
　　　　3.3.3　实现过程 ………………………………………………………………… 141
　　3.4　发送和接收电子邮件 …………………………………………………………… 145
　　　　3.4.1　程序功能 ………………………………………………………………… 145
　　　　3.4.2　知识准备 ………………………………………………………………… 146
　　　　3.4.3　实现过程 ………………………………………………………………… 146
　　3.5　考试系统 ………………………………………………………………………… 150
　　　　3.5.1　程序功能 ………………………………………………………………… 150
　　　　3.5.2　结构和设计过程 ………………………………………………………… 150
　　　　3.5.3　变量定义模块 …………………………………………………………… 152
　　　　3.5.4　主界面窗体模块 ………………………………………………………… 153
　　　　3.5.5　登录窗体模块 …………………………………………………………… 154
　　　　3.5.6　设置窗体模块 …………………………………………………………… 156
　　　　3.5.7　考试窗体模块 …………………………………………………………… 157
　　　　3.5.8　阅卷窗体模块 …………………………………………………………… 161
　　　　3.5.9　错误查看窗体模块 ……………………………………………………… 162
　　　　3.5.10　成绩查看窗体模块 …………………………………………………… 165

第四部分　综合练习题 …………………………………………………………………… 167

第四部分综合练习题参考答案 …………………………………………………………… 182

主要参考文献 ……………………………………………………………………………… 189

第一部分 基本实验

实验1　VB.NET 环境和可视化编程基础

一、实验目的

(1) 熟悉 VB.NET 的集成开发环境 Visual Studio 2005。
(2) 掌握启动与退出 Visual Studio 2005 的方法。
(3) 掌握建立、编辑和运行 VB.NET 应用程序的全过程。
(4) 掌握常用控件窗体、文本框、标签、命令按钮、定时器和图片框的使用。

二、实验预备知识

1. 基本概念

1) 面向对象的程序设计

面向对象的程序设计是一种以对象为基础、以事件驱动过程执行的程序设计技术。过程执行的先后次序与程序设计者无关,取决于用户的操作。

VB.NET 事件驱动过程执行的步骤如下：
(1) 启动应用程序,装载和显示窗体。
(2) 窗体(或窗体上的控件)等待事件的发生。
(3) 事件发生时,执行对应的事件过程。
(4) 重复执行步骤(2)和步骤(3)。

2) 对象

对象是具有某些特性的具体事物的抽象。例如控件(按钮、标签等)和窗体都是对象。对象的三要素是属性、事件和方法。

3) 类

类是同种对象的集合与抽象,是创建对象实例的模板。对象是类的一个实例。

4) 属性

属性描述了对象的性质,决定了对象的外观。例如一般控件对象有控件名称(Name)、文本(Text)等属性。不同的对象具有各自不同的属性。

5) 事件

发生在对象上的事情或消息称为事件。同一事件，对不同对象会引发不同的反应。VB.NET 为对象预先定义了一系列的事件。事件过程就是应用程序处理事件的步骤。应用程序设计的主要工作就是为对象编写事件过程代码。

6) 方法

方法是一个对象自己能做的事情，通过系统设计好的特殊的过程和函数来实现。与事件相比，事件是被外在条件激活的被动的；而方法是主动的。事件中的过程要自己编写程序代码；而方法由系统定义代码，可直接调用。

2. VB.NET 窗口

1) 窗体窗口

窗体窗口可分为窗体设计和窗体运行窗口。窗体设计窗口指的是在设计应用程序时，用户在窗体上建立 VB.NET 应用程序的界面。窗体运行窗口指的是用户看到的正在运行的窗口，用户可通过与窗体和控件交互得到相应的结果。

2) 代码设计窗口

代码设计窗口专门用来进行代码编辑，包括各种事件过程、自定义过程和类等源程序代码的编写和修改。双击窗体、控件均可直接打开代码设计窗口，再单击选择代码窗口右上方的方法名称下拉列表框中的对应事件，可自动生成事件过程框架，然后进行编码。

3) 属性窗口

属性窗口用于显示和设置所选定的对象的属性。在设计阶段，可利用属性窗口直接设置对象的属性值。

3. 在 VB.NET 中开发 Windows 应用程序的过程

1) 分析问题，明确目标

根据实际应用需要，进行需求分析，需要分析程序具有哪些功能，对应的功能需要哪些控件来实现，以及需要编写相应的代码等。

2) 新建 VB.NET 的 Windows 应用程序项目

打开 Visual Studio 2005，新建一个 Windows 应用程序，一个应用程序就是一个项目，用户根据所创建的程序要求，选择合适的应用程序类型。

3) 设计用户界面

界面设计就是在窗体上添加控件，并且设置控件对象的属性和布局等。建立项目后，根据功能要求，在窗体上合理的布置控件，并调整到合适的大小和位置。布局好控件后，需要对控件的外观以及初始状态进行设置，设置属性可以打开"属性窗口"进行设置。

4) 添加代码

用户需要通过与控件交互而执行相应的功能，这种交互就是要触发控件对象的事件。根据程序的需要进入代码窗口，编写对象事件过程。

5) 保存、运行和调试

代码设计完毕，保存整个项目，然后进行程序的调试。调试和改错是程序开发过程中非常重要的步骤，需要反复测试，以尽可能地优化程序。

4. 控件属性列表

（1）常用的控件共用属性（以后控件属性中不再重复列出）如表 1.1.1 所示。

表 1.1.1　常用的控件共用属性

属性名	含　　义	取值与说明
Text	标题	默认值与具体控件有关
Name	名称	默认值为控件的英文描述名称＋数值
BackColor	背景色	调色板中选择，可用颜色枚举类型
ForeColor	前景色（正文）、字体颜色	调色板中选择，可用颜色枚举类型
Font	显示文字的格式	字体、大小、字型等
Size	控件大小	也可用 Width 和 Height 属性两个值
Location	相对于容器左上角的坐标	坐标(x,y)，也可用 Left 和 Top 属性两个值
Visible	是否隐藏	True：不隐藏（默认），False：隐藏
Enabled	是否可用	True：可用（默认），False：不可用

（2）窗体的常用属性如表 1.1.2 所示。

表 1.1.2　常用的窗体控件属性

属性名	含　　义	取值与说明
BackgroundImage	背景图像	图片格式为 bmp、gif、jpg 和 jpeg 等
MaxmizeBox	是否有最大化按钮	True：有（默认），False：没有
MinimizeBox	是否有最小化按钮	True：有（默认），False：没有
ControlBox	是否有"控制"菜单	True：有（默认），False：没有

（3）标签的常用属性如表 1.1.3 所示。

表 1.1.3　常用的标签控件属性

属性名	含　　义	取值与说明
AutoSize	是否根据标签内容自动调整标签大小	True：能（默认）False：不能
BackColor	背景色	其中 Color.Transparent 表示透明显示

（4）文本框的常用属性如表 1.1.4 所示。

表 1.1.4　常用的文本框控件属性

属性名	含　　义	取值与说明
Multiline	是否支持多行显示	False：不支持（默认），True：支持
PasswordChar	用于密码	如用 * 来表示输入的文本内容
Readonly	是否只读	False：只读，True：可写（默认）
ScrollBars	若多行显示，指定滚动条	None：没有，Horizontal：水平，Vertical：垂直，Both：水平、垂直滚动条

(5) 图片框的常用属性如表1.1.5所示。

表1.1.5 常用的图片框控件属性

属性名	含 义	取值与说明
BorderStyle	图片边框的样式	None：不设置边框样式 FixedSingle：设置边框为平坦模式 Fixed3D：设置边框为3D模式
Image	显示的图形文件	图片的存储路径
SizeMode	图片的显示格式	Normal：图片初始化时给定的大小。StrechImage：图片放大或缩小以适应图片框的尺寸。AutoSize：图片框控件根据图片的大小重新调整。CenterImage：图片在图片框中居中显示，尺寸不变。Zoom：图片大小按原有图片的纵横比放大或缩小

5. 定时器(Timer)控件

定时器是用来产生一定的时间间隔，在每个时间间隔中都可以根据应用程序要求有相同或不同的事件过程发生。在动画制作或定期执行某种操作等方面使用。定时器控件在设计时显示为一个小时钟图标，而在运行时则看不到。定时器不能添加到窗体中，只能出现在窗体下面的面板中。

定时器控件的事件只有 Tick。使用该事件之前要首先用 Interval 属性设置 Tick 事件之间的时间间隔，每个时间间隔都会触发 Tick 事件。

常用的定时器控件的属性如表1.1.6所示。

表1.1.6 常用的定时器控件属性

属性名	含 义	取值与说明
Enabled	确定定时器是否可用	False：不可用（默认）True：可用
Interval	设置定时器触发的周期	以毫秒计算，取值范围0～64767

6. 编码规则

(1) VB.NET 代码不区分字母的大小写。关键字首字母自动转换成大写，其余字母转换成小写。用户自定义的变量、过程名，以第一次定义的为准，以后输入的自动向首次定义的形式转换。

(2) 语句书写自由。一行可写多句语句（用冒号分隔），一行最多255个字符；单行语句可分若干行写，在本行后加入续行符（下划线）。

(3) 不能在对象名、属性名、方法名、变量名、关键字的中间断开；各个关键字之间要用空格分开。

(4) 注释一般用竖撇号(')引导注释内容，也可以使用 Rem 开头，或者使用文本编辑器工具栏中的注释按钮。

三、实验内容

1. 容易题

(1) 创建一个"Windows 应用程序"类型的项目,完成"字幕滚动"应用程序设计,界面设计参照如图 1.1.1 所示,具体要求如下:

① 窗体的标题为"字幕滚动",窗体大小自行调整。

② 在属性窗口中将标签(Label1)的标题设为"开心每一天",字体设置为"宋体"、字形为"粗体"、大小为"二号"、文字颜色为"红色"。

③ 单击"开始"按钮,标签文字在定时器 Timer1(其时间间隔为 0.2 秒)控制下自动地从左向右移动,移动速度为每个时间间隔右移 20 个单位,当标签移动到窗体外时,再从窗体的左边进入;同时"开始"按钮变为"停止"按钮。

④ 单击"停止"按钮,标签停止滚动;同时,"停止"按钮变为"开始"按钮。

图 1.1.1 "字幕滚动"程序运行效果

操作步骤如下:

① 首先在计算机 D 盘或 C 盘根目录下创建一个以自己学号命名的文件夹,此文件夹主要用来设置为 VB.NET 的默认工作目录。启动 Microsoft Visual Studio 2005,选择"工具"|"选项"命令,打开"选项"对话框,选择"项目和解决方案"中的"常规"选项,对"Visual Studio 项目位置"进行设置,如图 1.1.2 所示。再单击"确定"按钮。设置完,以后项目文件都默认存放在该文件夹中。

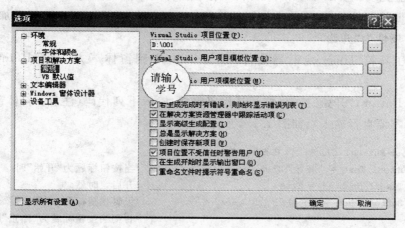

图 1.1.2 设置默认项目位置

② 选择"文件"|"新建项目"命令,弹出"新建项目"对话框,在模板中选择"Windows 应用程序",在"名称"文本框中输入"字幕滚动",如图 1.1.3 所示。单击"确定"按钮,生成 Form1.vb 窗体。

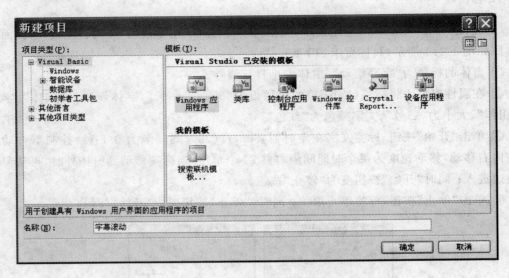

图 1.1.3 新建项目对话框

③ 右击窗体空白处,在弹出的快捷菜单中选择"属性"命令,显示窗体属性窗口,修改其 Text 属性为"字幕滚动"。

④ 将光标移向工具箱,双击工具箱 Label 标签控件,放置一个标签 Label1 到窗体中,单击该标签,修改其 Text 属性为"开心每一天";单击 Font 属性,再单击其右边的 ... 按钮,弹出"字体"对话框,设置字体为"宋体"、字形为"粗体"、大小为"二号";设置 Forecolor 属性,单击其右边下拉按钮,选择 Web 选项卡,选择 Red(红色)。

⑤ 将标签拖动到合适位置;单击窗体,拖动窗体右下角控点适当调整窗体大小。单击工具箱 Button 按钮控件,在窗体中按钮欲放置的位置单击,将 Button1 按钮添加到窗体中,修改其 Text 属性为"开始"。

⑥ 双击工具箱 Timer 定时器控件,添加 Timer1 到窗体下方,设置其 Interval 属性为 200。

⑦ 双击 Button1"开始"按钮,打开其代码窗口,输入下列代码(注意:斜体部分代码是自动生成的,不要自行输入),如图 1.1.4 所示。

```
Private Sub Button1_Click(...) Handles Button1.Click
    If Button1.Text = "开始" Then              '当按钮标题为"开始"时
        Timer1.Enabled = True                  '开启定时器
        Button1.Text = "停止"                  '设置按钮标题为"停止"
    Else                                       '否则当按钮标题为"停止"时
        Timer1.Enabled = False                 '关闭定时器
        Button1.Text = "开始"                  '设置按钮标题为"开始"
```

        End If
    End Sub

⑧ 单击代码窗口上方的"Form1.vb[设计]"选项卡,切换到窗体设计窗口,双击 Timer1 定时器,打开其代码窗口,输入下列代码,如图 1.1.4 所示。

```
Private Sub Timer1_Tick(...) Handles Timer1.Tick
    Label1.Left = Label1.Left + 20                    '右移
    '当标签移动到窗体外时,再从窗体的左边进入
    If Label1.Left >= Me.Width Then
        Label1.Left = -Label1.Width
    End If
End Sub
```

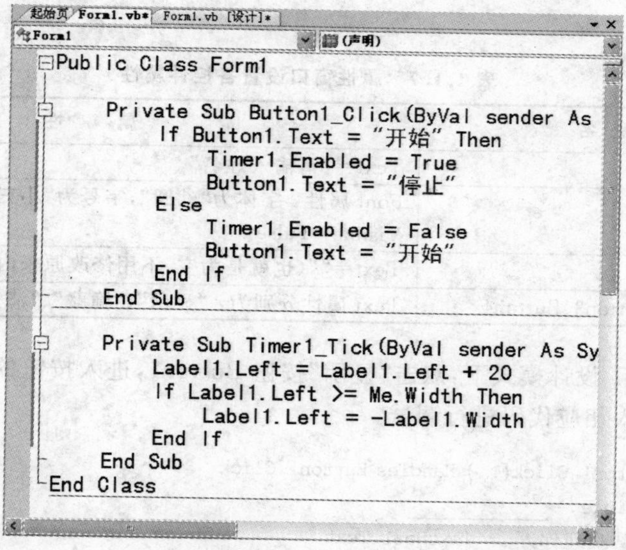

图 1.1.4 "字幕滚动"程序相关代码

⑨ 单击▶"启动调试"按钮,运行应用程序;单击"开始"按钮,效果如图 1.1.1 所示。单击"停止"按钮可以停止滚动,同时"停止"按钮又变成了"开始"按钮,如此可以反复运行,当标签移动到窗体外时,再从窗体的左边进入。

⑩ 选择"文件"|"全部保存"命令,保存该项目。

(2) 创建一个"欢迎你"应用程序,初始设计界面如图 1.1.5 所示,运行界面如图 1.1.6 所示。具体要求如下:

① 在 Label1 标签上显示"请输入姓名",Label2 刚开始运行时为不可见。

② 在 TextBox1 文本框输入你的姓名,单击"显示"按钮,在窗体标题上显示"欢迎你,×××",并显示出 Label2,内容为"×××,预祝你学习愉快!"。

③ 单击"隐藏"按钮,隐藏 Label2;单击"清空"按钮,清空文本框 TextBox1 内容和窗体标题内容;单击"退出"按钮,退出程序。

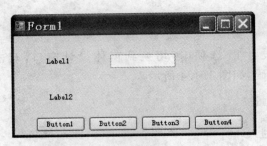
图 1.1.5 "欢迎你"程序设计界面

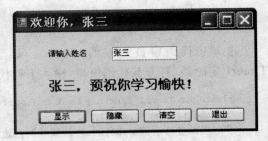
图 1.1.6 "欢迎你"程序运行界面

操作步骤：

① 创建"欢迎你"项目，按照初始设计界面（见图1.1.5）创建窗体中控件，所用的控件及属性设置如表1.1.7所示。

表1.1.7 属性窗口设置各控件属性

控 件 名	属 性
Label1	Text="请输入姓名"
Label2	Font属性：字体为"幼圆"，字号为"小三" Visible=False
TextBox1	Text=""（也就是为空，不用修改原来内容）
Button1、Button2、Button3、Button4	Text属性分别为："显示"、"隐藏"、"清空"、"退出"

② 在VB.NET设计模式下，双击"显示"按钮Button1，进入按钮的Click事件，参照以下代码，填空并输入相应代码进行调试。

```
Private Sub Button1_Click(...) Handles Button1.Click
    Label2.Visible = _____
    Me.Text = "欢迎你," + TextBox1.Text
    Label2.Text = _____ + ",预祝你学习愉快!"
End Sub
```

③ 设计模式下，双击"清空"按钮，进入该按钮的单击事件。

```
Private Sub Button3_Click(...) Handles Button3.Click
    TextBox1.Text = ""
    Me.Text = _____
End Sub
```

④ 分别双击"隐藏"、"退出"按钮，自己完成其中的代码，并调试成功后保存。

⑤ 选择"文件"|"全部保存"命令保存该项目。

(3) 创建一个"单击窗体"程序，在文本框中统计在该窗口上鼠标单击的次数，效果如图1.1.7所示，其中"你单击窗体的次数为："用标签显示，"8"次数用文本框显示。要求将文本框中文字设置为居中显示，并设置成运行时不能输入。

图 1.1.7 "单击窗体"程序运行界面

提示：

① 将文本框中文字居中显示请设置 TextAlign，文本框运行时不能输入请设置 ReadOnly 属性。

② 双击窗体切换到代码窗口，此时进入的事件是 Form1_Load，这并不是要编写代码的事件。

③ 单击代码窗口右上角的"方法名称"下拉框列表，选择 Click 选项，在 Form1_Click 事件中填入以下代码对文本框计数：

TextBox1.Text = Val(TextBox1.Text) + 1

（4）参照效果图（如图 1.1.8 所示），创建"窗体事件"项目，对窗体 4 个事件过程（Load、Click、DoubleClick、Resize）进行设计并编程，请程序填空并调试。

具体要求如下：

① 在窗体装入时，在窗体的标题栏将显示"装载窗体"，并在窗体装入任何图片作为背景平铺窗体，窗体没有最大化按钮和最小化按钮（请通过属性窗口设置），如图 1.1.8(a) 所示。

② 当单击窗体时，标题栏显示"单击窗体"，改变窗体背景图片，以平铺方式显示窗体背景。改变鼠标指针 Cursor 为 KEY04.ico 图标文件，改变窗体图标 Icon 为 MONITR01.ico 图标文件。窗体有最大化按钮和最小化按钮，如图 1.1.8(b) 所示。

③ 当双击窗体时，标题栏显示"双击窗体"，以拉伸方式显示背景图片，如图 1.1.8(c) 所示。

④ 当改变窗体大小时，标题栏显示"改变了窗体大小"，鼠标指针、窗体图标恢复为默认（Default）状态；窗体无最大化按钮和最小化按钮，如图 1.1.8(d) 所示。

(a) 装载窗体　　(b) 单击窗体

(c) 双击窗体　　(d) 改变了窗体大小

图 1.1.8 "窗体事件"程序运行效果图

操作提示：

① 调试程序之前，应将要使用的图片和图标文件（图标文件在 VB.NET 系统的 Common\Graphics\Icons 下）存放在该项目的 Bin\Debug 文件夹下，然后进行调试。

② 窗体 Form1_Load 装入事件的代码，请填空后调试。

```
Me.BackgroundImage = Image.FromFile("PC01.ICO")
Me.Text = "装载窗体"
```

③ 窗体 Form1_Click 单击事件代码。

```
Me.BackgroundImageLayout = ImageLayout.Tile        '以平铺方式显示窗体背景
Me.BackgroundImage = _____("background.bmp")    '装入相应图片
Me.Text = _____
Me.Icon = New Icon("MONITR01.ico")                 '改变窗体左上方的小图标
Me.Cursor = New Cursor("KEY04.ICO")                '鼠标指针改为指定的文件名图标
Me.MaximizeBox = _____
Me.MinimizeBox = True
```

④ 窗体 Form1_DoubleClick 双击事件代码。

```
Me.BackgroundImageLayout = ImageLayout._____    '以拉伸方式显示窗体背景
Me.Text = "双击窗体"
```

⑤ 窗体 Form1_Resize 改变窗体大小事件代码。

```
Me.BackgroundImage = _____                      '卸掉图片，窗体无背景图片
Me.MaximizeBox = False
Me.MinimizeBox = False
Me.Cursor = Cursors.Default                        '鼠标指针恢复为默认值
Me.Icon = Nothing
Me.Text = "改变了窗体大小"
```

2. 中等题

（1）请参考如图 1.1.9 所示的运行结果，新建"加法器"项目，具体要求如下：

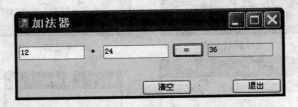

图 1.1.9 "加法器"程序运行效果

① 窗体的标题为"加法器"，在窗体上从左到右依次引入 Textbox1、Textbox2、Textbox3 三个文本框。"＋"为标签 Label1。

② Textbox1、Textbox2 两个文本框用于输入加数，要求不能接受非数字键，如果输入非数字键则清空该文本框内容。Textbox3 文本框用于显示和，它不能进行编辑操作。

③ 单击"＝"按钮（Button1），将两个加数的和显示在 Textbox3 文本框中。

④ 单击"清空"按钮(Button2),3个文本框内容都被清空,同时第一个文本框获得焦点。单击"退出"按钮(Button3),退出程序。

⑤ 设置窗体相应属性使得窗体运行时,按 Enter 键相当于单击"="按钮,按"ESC 键"相当于单击"退出"按钮。

操作提示并填空:

① 新建"加法器"项目,按运行效果图设计界面;为保证 Textbox3 文本框,运行时不能进行编辑操作,应设置其_____属性为 True。

② 为使窗体运行时按回车键相当于单击"="按钮,应设置窗体的 AcceptButton 属性设置为 button1;为使按 ESC 键相当于单击"退出"按钮,应设置窗体的 CancelButton 为_____。

③ 为不接受非数字键,双击 Textbox1 文本框,在其 TextChanged 事件中输入如下代码,并参照该代码给 Textbox2 文本框的 TextChanged 事件编码。

```
If Not IsNumeric(TextBox1.Text) Then
    TextBox1.Text = ""
End If
```

④ 编写"="按钮的 Click 事件。

TextBox3.Text = Val(_____) + Val(_____)

⑤ 编写"清空"按钮和"退出"按钮的 Click 事件。调试并保存项目。

(2) 创建"移动标签"项目,窗体上放置1个标签,4个方向图标按钮,分别表示向上(Button1)、向下(Button4)、向左(Button2)、向右(Button3)按钮,如图 1.1.10 所示。其中右边那幅图是当标签移出了左边界后,向左按钮不可使用的情况。具体要求如下:

图 1.1.10 "移动标签"程序运行效果

① 当单击方向图标按钮一次时,在该方向上移动10个像素单位。

② 如果超出窗体区域,该方向按钮为不可操作。其中图 1.1.10 右边那幅图是当标签移出了左边界后,向左按钮不可使用的情况。

③ 方向标签设置为不可操作后,应及时在反方向按钮事件中将其设置成可操作。

操作提示:

① 方向图标文件(point02.ico~point05.ico 在 VB.NET 系统的 Graphics\Icons\Arrows 文件夹下)可通过导入方式加载到按钮的 Image 属性。

② 其中向左图标按钮单击事件过程为:

```
Label1.Left = Label1.Left - 10       '左移动 10 个单位
Button3.Enabled = True               '将向右图标按钮设置为能用
If Label1.Left <- Label1.Width Then  '如果标签已经移动最左边边界后
    Button2.Enabled = False          '将向左图标按钮设置为不能用
End If
```

③ 参照②编制其他按钮单击事件,调试并保存程序。

(3) 创建"图片框应用"项目,用图片框实现图片的缩小一半、还原及自定义大小。如图 1.1.11 所示,窗体上放置一个 PictureBox1 图片框和两个命令按钮、两个标签、两个文本框。图片框装入你所喜欢的图片。具体要求如下:

① 单击 Button1 "还原"按钮,图片与初始装入时同大。

② 每次单击 Button2 "缩小一半"按钮,图片纵、横均比原来缩小一半。"高(自定义)"下方的文本框 Textbox1 显示图片的高,"宽(保持纵横比)"下方的文本框 Textbox2 显示图片宽度。

③ Textbox1 中输入数值(如 100)再按回车键后,Textbox2 自动显示出结果。并按照此高和宽显示图片,图片保持原来纵横比。如图 1.1.11 右图所示。

 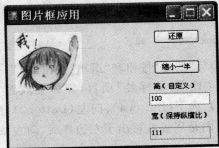

图 1.1.11 "图片框应用"程序运行效果

操作提示并填空:

① 设置图片框的 SizeMode 属性为 StretchImage,使得图片随着图片框的大小而变化。

② 必须在窗体级声明窗体级变量,便于保存图片原来的大小。也就是在 Public Class Form1 下面输入以下命令行:

```
Dim h, w As Integer
```

③ 在 Form1_Load 事件中记住图片框的初始值:

```
w = PictureBox1.Width
h = PictureBox1.Height
TextBox1.Text = h
TextBox2.Text = w
```

④ 在 Button1_Click 事件中还原成初始值的代码:

```
PictureBox1.Width = _____
PictureBox1.Height = _____
```

⑤ 在 Button2_Click 事件中使图片缩小一半的代码：

```
PictureBox1.Width = _____
PictureBox1.Height = PictureBox1.Height / 2
TextBox1.Text = PictureBox1.Height
TextBox2.Text = PictureBox1.Width
```

⑥ 在 TextBox1_KeyPress 事件中，输入数值并按 Enter 键后，图片框的高度随 TextBox1 的值变化，图片保持原来的纵横比，图片框的宽度通过计算获得。TextBox2 中显示图片宽度。

```
If  Asc(e.KeyChar) = 13  Then
    PictureBox1.Height = Val(TextBox1.Text)
    PictureBox1.Width = PictureBox1.Height * _____
    TextBox2.Text = _____
End If
```

3. 难题

（1）创建"字幕放大"应用程序，程序运行初始界面如图 1.1.12 左图所示，单击"开始"按钮后界面如图 1.1.12 右图所示。具体要求如下：

① 窗体的标题为"字幕放大"，窗体显示 3D 边框效果。

② 单击"开始"按钮（Button1），标签"欢迎光临"（Label1）文字在定时器 Timer1 控制下字号自动增加 2。同时"开始"按钮变为"停止"按钮。

③ 单击"停止"按钮，标签"欢迎光临"文字停止放大。同时"停止"按钮变为"开始"按钮。

④ 要求标签文字在放大时保持水平居中。

⑤ 定时器（Timer1）的时间间隔为 0.3s。

图 1.1.12 "字幕放大"程序运行效果

提示：
① 在代码窗口中可通过以下语句来实现标签字号自动增加 2：

```
Label1.Font = New Font(Label1.Font.Name, Label1.Font.Size + 2)
```

② 在代码窗口中可通过以下语句来实现标签保持水平居中：

```
Label1.Left = (Me.Width - Label1.Width) / 2
```

（2）建立一个"简单记事本"应用程序，程序运行效果如图 1.1.13 所示。该程序主要功能有：

① 先选中文本框中部分文本，单击"剪切"按钮，先将选中内容保存到一个公用变量 S 中，并且将文本框选中内容删除。

② 单击"复制"按钮，将选中内容保存到一个公用变量 S 中，文本框内容不变。

③ 单击"粘贴"按钮，将原先保存到 S 变量中的内容复制到文本框插入点。

④ 单击"隶书 20 号"按钮，将文本框文字设置为"隶书"字体，20 字号。

⑤ 单击"红色"按钮，将文本框文字设置为红色。

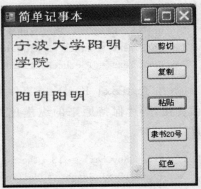

图 1.1.13 "简单记事本"运行界面

提示：

① 文本框要显示多行可通过将 Multiline 属性来设置，要有垂直滚动条可通过 ScrollBars 属性来设置。

② "隶书 20 号"按钮的 Click 事件过程代码为：

```
TextBox1.Font = New Font("隶书", 20)
```

③ "红色"按钮的 Click 事件过程代码为：

```
TextBox1.ForeColor = Color.Red
```

四、常见错误与难点分析

1．标点符号错误

在 VB.NET 中使用的分号、引号、括号等符号以及数字都是英文状态下的半角符号，而不能使用中文状态下的全角符号。任何中文标点符号（排除在引号内的字符串中的中文标点符号）会产生"字符无效"语法错误。

2．对象名称写错或者未建立该对象

在窗体上创建的每个控件对象都有默认的名称，用于在程序中唯一地标识该控件对象。当对象名写错时，系统在错误处以下划线波浪表示，并显示"未声明名称×××"。初学者经常将标签名"Label1"写成"Lablel"。

输入对象名，出现未声明名称错误时也有可能是在窗体上未建立相对应的对象，此时需要到设计窗口创建对象。比如窗体上根本没有放置 Label2 时，在代码中使用它就会出错。

3．变量名写错

在默认情况下，VB.NET 要求每个变量在使用前都要加以声明。用 DIM 声明的变量名，如果表示同一变量却写错了变量名，就会被认为是两个不同的变量。出错的那个变量会提示未声明错误。

4. 字母和数字形状相似

L 的小写字母"l"和数字"1"形式基本相同、O 的小写字母"o"和数字"0"也难以区分,在输入代码时要特别注意,避免单独作为变量名使用。尤其是初学者经常将建立的第一个标签名"Label1"的最后两个字符混淆。

5. 关键字之间应用空格隔开

各关键字之间,关键字和变量名、常量名、过程名、有些运算符之间一定要有空格分隔。比如直接输入"a&vbCrLf"就会出错,在变量 a 后输入一个空格即可解除错误。

6. 对象的属性名、方法名写错

当程序中对象的属性名或方法名写错时,会显示"××不是××的成员"错误信息。在编写程序代码时,尽量使用自动列出成员功能,即当用户在输入控件名和点后,系统自动列出该控件在运行时可用的属性和方法,用户选中所需属性并按空格键或双击即可,这样可减少输入错误。

7. 事件过程模板自动生成

要对某控件编写代码时,一般双击该控件,进入代码窗口,选择需要的事件过程名称即可。事件过程的模板是自动生成的,不要修改模板的内容,只需输入编写的事件过程代码。

8. 事件过程的选择不能张冠李戴

比如要选择单击窗体显示什么内容,必须选择 Form1_Click 事件过程,而不能选择 Form1_Load 事件过程,因为后者是 Form 默认的事件,所以容易搞错。还有如果要在文本框输入数值并按 Enter 键后才出结果的话,就要选择 TextBox1_KeyPress 事件过程而不是默认的 TextBox1_TextChanged 事件过程。此时需要用户双击控件进入默认事件过程后,再重新选择需要的事件过程,然后开始写代码。

9. 图片存放位置

程序中使用的图片如果通过代码装载,比如"Image.FromFile("图片名称")",假设图片名称前没有图片路径的话,在运行程序时,应将图片文件复制到存放该项目的当前目录下,即 Bin 的 Debug 子文件夹,然后运行程序。

10. 恢复默认窗口布局

若因操作不当破坏了 VB.NET 窗口布局,可通过选择"窗口"|"重置窗体布局"命令来恢复默认的窗体布局。

11. 保存注意事项

当新建项目时,VB.NET 允许不创建项目名,直到项目调试成功需要保存时再输入项目名称。如果刚开始新建项目时,没有为项目设置名称,则项目以默认的 WindowsApplication1

命名,保存前用户必须明确保存的位置,保存时需要注意项目名称要设置正确,否则很难更改。

12. 上机实验的基本要求

如果按照教材上的例题输入程序,那么程序设计上机实验就成了打字练习,这样的实验是没有效果的。要使实验达到应有的效果,在上机实验之前,必须知道本次实验的任务,根据实验任务,做好充分的准备工作,只有这样才能做到目的明确,使实验达到应有的效果。上机前的准备工作包括以下几个方面:

(1) 复习和掌握与本次实验有关的教学内容。

(2) 根据实验的内容,对问题进行认真的分析,搞清楚要解决什么问题,给定的是什么条件? 预期的结果是什么? 需要使用什么类型的数据(如整型、双精度型、字符型等)?

(3) 初步设计程序的用户界面。由于 Visual Basic 的应用程序一般都有一个用户界面,因此要对用户界面进行设计,需要使用什么对象进行输入或输出;采用什么样的格式进行数据的输入或输出等。

(4) 根据应用程序的主要功能,考虑通过什么方法来实现,关键问题是使用什么算法,在纸上编写好相关功能的事件代码。

(5) 预习实验步骤,对实验步骤中提出的一些问题进行思考,并给出初步的解决方案。

五、习题

1. 选择题

(1) 一个对象可以执行的动作和可被对象识别的动作分别称为_____。
　　A. 事件、方法　　　B. 方法、事件　　　C. 属性、方法　　　D. 过程、事件

(2) 设计状态下,双击窗体会产生_____事件。
　　A. Enabled　　　　B. Active　　　　　C. Click　　　　　　D. Load

(3) 在 VB.NET 中的对象有哪 3 个基本要素?_____。
　　A. 对象的名称、值和所属类　　　　　B. 对象的属性、事件和方法
　　C. 对象的大小、存储方式和内容　　　D. 对象的访问方法、存储方式和名称

(4) 下面有个 VB.NET 说法正确的是_____。
　　A. VB.NET 代码不区分大小写
　　B. VB.NET 代码每行结束使用";"号
　　C. VB.NET 使用双引号进行注释
　　D. VB.NET 中使用"{"和"}"括起代码块

(5) 在 VB.NET 集成环境中创建 VB.NET 应用程序时,除了工具箱窗口、窗体窗口和属性窗口外,必不可少的窗口是_____。
　　A. 窗体布局窗口　　　　　　　　　　B. 立即窗口
　　C. 代码窗口　　　　　　　　　　　　D. 监视窗口

(6) VB.NET 窗体中提供的 Hide 方法的作用是_____。
　　A. 销毁窗体对象　　B. 关闭窗体　　　C. 将窗体极小化　　D. 隐藏窗体

(7) 要改变控件的宽度,应修改该控件的_____属性。
   A. Top   B. Width   C. Left   D. Height
(8) 改变控件在窗体中的左右位置应修改该控件的_____属性。
   A. Top   B. Left   C. Width   D. Right
(9) 要把一个命令按钮设置成无效,应设置其_____属性值。
   A. Visible   B. Default   C. Cancel   D. Enabled
(10) 不论何种控件,共同具有的属性是_____。
   A. Text   B. Name   C. ForeColor   D. Text
(11) 若要使标签控件显示时不要覆盖窗体的背景图案,要对_____属性进行设置。
   A. BackColor   B. BorderStyle C. ForeColor   D. BackStyle
(12) 若要使命令按钮在程序运行时不可见,要对_____属性进行设置。
   A. Enabled   B. Visible   C. BackColor   D. Text
(13) 要使文本框中的文字不能被修改,应对_____属性进行设置。
   A. Locked   B. Visible   C. Enabled   D. ReadOnly
(14) 要使当前 Form1 窗体的标题栏显示"欢迎使用 VB.NET",以下_____语句是正确的。
   A. Form1.Text="欢迎使用 VB.NET"
   B. Me.Text="欢迎使用 VB.NET"
   C. Form1.Name="欢迎使用 VB.NET"
   D. Me.Name="欢迎使用 VB.NET"
(15) 若设置窗体的 FromBorderStyle=None,则在程序运行时窗体的行为是_____。
   A. 窗体没有最大化和最小化按钮,窗体既不能移动,也不能改变大小。
   B. 窗体没有最大化和最小化按钮,窗体可以移动,但不能改变大小。
   C. 窗体有最大化和最小化按钮,窗体既可以移动,也可以改变大小。
   D. 窗体有最大化和最小化按钮,窗体可以移动,但不能改变大小。
(16) 要使窗体运行时充满整个屏幕,应设置其_____属性。
   A. Height   B. Width   C. WindowState   D. AutoRedraw
(17) 要判断在文本框中是否按了 Enter 键,应在文本框的_____事件中判断。
   A. Change   B. KeyDown   C. Click   D. KeyPress
(18) 要使文本框能够多行显示,则应使_____属性设为 True。
   A. MultiLine   B. MaxLength   C. SelLength   D. Locked
(19) 如果要使命令按钮以图片形式显示,则应使_____属性装入图片。
   A. BackGroundImage   B. Image
   C. ImageList   D. ImageAlign
(20) 图片框控件可显示图像,若想使图片框自动改变大小,以适应装入的图片,应修改 SizeMode 属性值为_____。
   A. Normal   B. StretchImage C. AutoSize   D. CenterImage
(21) 要使文本框成为密码输入框,一般应修改文本框的_____属性。
   A. MaxLength   B. MultiLine   C. PasswordChar D. ReadOnly

（22）TextBox 控件的 PasswordChar 属性的作用是_____。
    A. 该属性是 Boolean 类型，表示是否使用 * 号隐藏输入的信息
    B. 该属性是 Char 类型，表示是用哪个字符隐藏输入的信息
    C. 该属性是 String 类型，表示输入的隐藏信息的实际内容
    D. 该属性在 VB.NET 中未使用

（23）为了使 TextBox 的水平滚动条真正起作用，应该取消 TextBox 的"自动换行"功能。取消该功能，需要将 TextBox 控件的_____属性设置为 False。
    A. ScrollBars   B. AcceptReturns   C. WordWrap   D. AutoSize

（24）标签控件的作用是_____。
    A. 输入文本信息   B. 编辑文本信息
    C. 显示文本信息   D. 相当于文本编辑器

（25）图片框控件可显示图像，若想使装入的图片随图片框大小而变化，应修改 SizeMode 属性值为_____。
    A. Normal   B. AutoSize   C. StretchImage   D. CenterImage

（26）下列关于定时器叙述正确的是_____。
    A. 在一个窗体中，不能同时使用两个定时器
    B. Interval 属性值设置为 0 表示相隔 0ms
    C. 开启定时器，可将其 enabled 属性设置为 false
    D. 定时器在窗体设计状态可见，在运行状态不可见

（27）为使定时器控件每隔 5s 产生一个定时器事件（Timer 事件），则应将其 Interval 属性值设置为_____。
    A. 5   B. 500   C. 300   D. 5000

2．思考题

（1）控件的 Text 属性与 Name 属性有什么区别？
（2）Label 控件和 TextBox 控件都可以显示信息，两者有什么区别？
（3）试说明在以下动作中会引发哪些事件？
- 在文本框中输入字符。
- 文本框中的内容发生变化。
- 某一个控件失去焦点时。

（4）定时器控件的默认 Interval 属性值是多少？

实验 2　顺序结构程序设计

一、实验目的

（1）掌握表达式、赋值语句的正确书写规则。
（2）掌握常用运算符的使用，理解运算符优先级。
（3）掌握常用标准函数的使用。

(4) 掌握 InputBox 函数和 MsgBox 函数的使用。

二、实验预备知识

1．变量的命名规则

(1) 变量名的第一个字符必须是英文字母或汉字,而不能以数字开头。
(2) 变量名中只能出现字母、汉字、数字和下划线(_)。
(3) 组成变量名的字符长度不能超过 255 个字符。
(4) 变量不能与 VB.NET 中的运算符、语句、函数和过程名等关键字同名,同时也不能与系统已有的方法和属性同名。
(5) 变量名在同一个范围内(同一个事件过程中)必须是唯一的。
(6) VB.NET 不区分变量名中的大小写。

2．数据类型

使用计算机来处理数据时,会遇到各种不同类型的数据。例如,一个人的姓名是由一串文本(字符)组成,成绩、年龄和体重都是一个数值,而是否大学毕业则是一个逻辑值等。为了更好地处理各种各样的数据,VB.NET 定义了多种数据类型。

常使用的数据类型有 Boolean(逻辑型)、Integer(整型,%)、Long(长整型,&)、Single(单精度浮型,!)、Double(双精度浮型,#)、String(字符型,$)、Date(日期型)等。

3．运算符和优先级

在 VB.NET 中,运算符可分为算术运算符、赋值运算符、比较运算符、逻辑运算符、连接运算符。

当一个表达式中出现几种不同类型的运算符时,应该按照不同类型运算符的优先级进行运算,各种运算符的优先级如下:

算术运算符(^、* 或/、\、mod、+ 或 −) > 连接运算符(& 或 +) > 比较运算符(= 或 > 或 >= 或 < 或 <= 或 <> 或 Like) > 逻辑运算符(Not、And、Or)

说明:
- 当一个表达式中出现多种运算符时,首先进行算术运算符,接着处理字符串连接运算符,然后处理比较运算符,最后处理逻辑运算符,在各类运算中再按照相应的优先次序进行。
- 可以用括号改变优先顺序,强令表达式的某些部分优先运行。括号内的运算总是优先于括号外的运算。对于多重括号,总是由内到外。

4．常用内部函数

所谓内部函数是指 VB.NET 已经定义好的一些标准函数,用户可以直接调用。每个内部函数都能实现某个特定功能,按其功能可把内部函数分为数值计算函数、字符串函数、日期和时间函数、类型转换函数、输入输出函数和格式函数等。

1) 数学函数

数学函数包含在 Math 类中,使用时应在函数名之前加上 Math,如 Math.sin(3.14)。也可以先将 Math 命名框架引入到程序中,然后直接调用函数即可。引入命名空间在类模块、窗体模块或标准模块的声明部分使用 Imports 语句,如导入 Math 命名空间,可使用如下语句:

```
Imports System.Math
```

2) InputBox 输入函数

InputBox 函数提供了一种和用户交互的语句,用于创建一个输入框,供用户输入信息。InputBox 函数的语法格式如下:

```
InputBox (Prompt[,Title][,Default][,XPos][,YPos])
```

参数含义如下:

- Prompt——输入框中的提示文字,用于提示用户输入。
- Title——输入框的标题。若省略,则默认为当前应用程序的名称。
- Default——显示在输入框中的默认内容,省略则显示空串。
- XPos——指定对话框左边界和屏幕左边界的间距。
- YPos——指定对话框上边界和屏幕上边界的间距。

InputBox 函数输入的数据默认为字符型,一次只能输入一个值。各参数次序必须一一对应,除 Prompt 外,其他均可省略,省略部分若在中间位置的话,则省略部分要用逗号占位符跳过。

3) MsgBox 输出函数

MsgBox 输出函数的作用是打开一个信息框,等待用户选择一个按钮。MsgBox 函数的语法格式如下:

```
MsgBox (Prompt [,Buttons] [,Title])
```

参数含义如下:

- Prompt——消息框中的提示信息(与 InputBox 函数的使用相同)。
- Buttons——显示按钮,是一个枚举类型 MsgBoxStyle 值,用来控制在对话框内显示的按钮类型、数目及图标样式。此项设置较为复杂请查询教材对应内容。
- Title——消息框的标题。若省略,则默认为当前应用程序的名称。

各参数次序必须一一对应,除 Prompt 外,其他均可省略,省略部分在中间位置的话,省略部分要用逗号占位符跳过。

4) Rnd 随机函数

形式如下:

```
Rnd()
```

或

```
Rnd(N)
```

作用:产生[0,1)双精度随机数。N>0 或缺省时,生成随机数,N≤0 生成与上次相同的随机数。为了每次运行时,产生不同序列的随机数,可执行 Randomize()函数。

产生某范围的整数值,其通用表达式为:

Int(Rnd()*(上界－下界＋1)＋下界)

三、实验内容

1. 容易题

(1) 先计算下列表达式的值,然后在即时窗口运行来验证结果:

① 16/4-2^5*8/4 mod 5\2

② int(199.555*100＋0.5)/100

③ 123＋mid("123456",3,2)

④ 123 & instr("654321","2")

⑤ ucase(mid("adcdefgh",3,4))

⑥ "今天是"＋today()

⑦ 10＞5 and "人"＞"人民" or true＞false

⑧ 10 mod 3＝1　or "电脑"＜＞"计算机"

⑨ math.round(123.456,2)＋math.sqrt(9)

⑩ "abcdefg" Like "*de*" Or "A"＝"a" And 2＞1

步骤提示:

① 打开 Visual Studio 2005,新建一个项目,选择"视图"|"其他窗口"|"命令窗口"命令。

② 在"命令窗口"中输入"immed"后按 Enter 键,可进入"即时窗口"。

③ 在表达式前加入"?"在即时窗口验证结果。例如验证表达式①时即时窗口输入"? 16/4－2^5*8/4 mod 5\2 ",按 Enter 键后即可看到结果。

(2) 将数学表达式改写成 VB.NET 算术表达式。

① $\sin 30°+\dfrac{e^2+\ln 10}{\sqrt{x+y+1}}$　② $\cos 75°+\dfrac{\sqrt{x+e^3}}{|x-y|}-\ln(3x)$

步骤提示:

① 要验证表达式①,可在即时窗口中输入如下代码(每行输入后按 Enter 键):

x＝1:y＝14
?math.sin(30*3.14/180)＋(math.exp(2)＋math.log(10))/math.sqrt(x＋y＋1)

结果显示:

2.9226804006242761

② 可以用"x＝1,y＝0.5"进行验证。

(3) 创建数学函数应用程序,效果如图 1.2.1 所示。随机输入两个整数,然后计算这两个数之和的平方根,并将结果取整(要求只保留整数),还要将结果取两位小数点(要求使用

round 函数)。文字叙述部分使用标签,输入与结果部分使用文本框(从左到右,从上到下分别为 TextBox1、TextBox2、TextBox3、TextBox4、TextBox5)。

图 1.2.1 数学函数应用界面

① 输入时就要求显示结果,所以 TextBox1 的 TextChanged 事件过程如下,请填完整调试:

```
TextBox3.Text = Math._____(Val(_____) + Val(TextBox2.Text))
TextBox4.Text = _____(TextBox3.Text)
TextBox5.Text = _____(Val(TextBox3.Text), 2)
```

② 将 TextBox3、TextBox4、TextBox5 3 个文本框改成只能输出,而不能输入。
③ 请同样编制 TextBox2 的事件。

2. 中等题

(1) 创建"随机数平均值"应用程序,运行界面如图 1.2.2 所示。单击"产生随机数"按钮,随机生成 3 个正整数,分别是 2 位数、3 位数、4 位数,单击"求平均值"计算它们的平均值,结果保留 1 位小数。

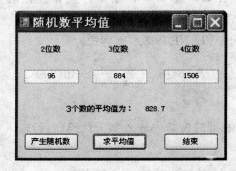

图 1.2.2 随机数平均值界面

提示:
① 随机生成某范围内的正整数公式为 int(rnd() * (上界-下界+1)+下界),产生 2 位数:

```
int(rnd() * (99 - 10 + 1) + 10)
```

② 保留1位小数，可利用 Format 函数：

Format(要显示的数值,"0.0")

(2)"四位整数逆序"应用程序实现4位整数逆序后输出，效果运行图如图1.2.3所示。要求输入4位整数并按 Enter 键后 Label2 就输出结果。对输入的数要进行合法性检验，如果输入的是非数字，则提示信息如图1.2.4所示。

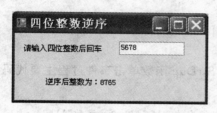 

图1.2.3　四位整数逆序界面　　　　　　图1.2.4　数学函数应用界面

提示：

① 按 Enter 键，当文本框的 Textbox1_KeyPress 事件中的返回参数 e.KeyChar 的 ASCII 码为13时（即 Asc(e.KeyChar) = 13）表示输入结束。

② 使用"MOD"和"\"运算符将 n 数据分离的方法：

```
a = n Mod 10                              '个位
b = n \ 10 Mod 10                         '十位
c = n \ 100 Mod 10                        '百位
d = n \ 1000                              '千位
m = a * 1000 + b * 100 + c * 10 + d       '逆序组合
```

③ 数据检验使用的代码：

```
If Not IsNumeric(TextBox1.Text) Then
    MsgBox("输入有非数字字符,请重新输入",,"数据检验")
    TextBox1.Text = ""
    TextBox1.Focus()
End If
```

(3) 创建"字符函数验证"应用程序来验证字符串函数的使用，运行结果如图1.2.5所示。在 TextBox1 文本框中输入字符串，TextBox2 文本框显示函数结果，命令按钮为字符串函数，第二个标签显示对应的函数名。

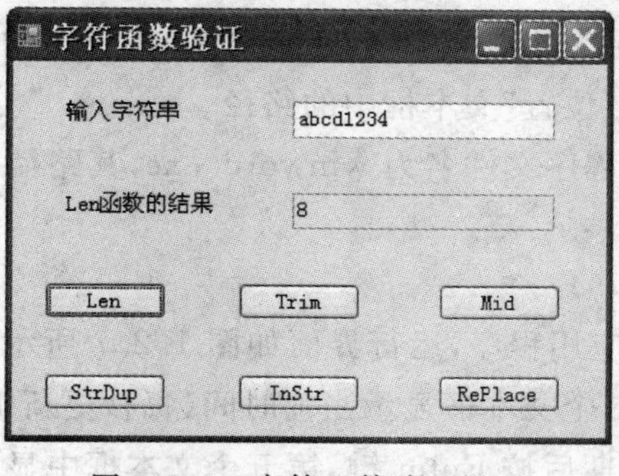

图1.2.5　字符函数验证界面

① Len 函数单击事件过程:

```
Label2.Text = Button1.Text & "函数的结果"
TextBox2.Text = Len(TextBox1.Text)
```

② 当函数输入参数不止一个时,还要再通过 InputBox 函数来输入参数。例如,Instr 函数单击事件过程主要代码如下:

```
Dim b$
b = InputBox("输入查找字串", "InStr 函数")
TextBox2.Text = InStr(TextBox1.Text, b)
```

③ StrDup 函数第一个参数必须为整数,StrDup 函数单击事件过程主要代码如下:

```
Dim a%
a = val(InputBox("请输入重复出现的次数(必须为数字)", "StrDup 函数"))
TextBox2.Text = StrDup(a, TextBox1.Text)
```

(4) 创建"调用应用程序"程序,界面如图 1.2.6 所示。窗体上有 3 个按钮,分别显示 VB.NET、"画图"和 WORD,要求单击命令按钮,利用 SHELL 函数执行对应的应用程序。

图 1.2.6 调用应用程序界面

提示:

① VB.NET 的应用程序 Visual Studio 2005 的可执行程序文件名为 devenv.exe,可通过"开始"|"所有程序"|Microsoft Visual Studio 2005|Microsoft Visual Studio 2005 命令找到 VB.NET 程序,在 Microsoft Visual Studio 2005 选项上右击,在弹出的快捷菜单中单击"属性"命令,打开"属性"对话框,选定其"目标"中的内容"D:\Program Files\Microsoft Visual Studio8\common 7\IDE\devenv.exe",通过复制、粘贴可将文件路径和文件名取到 Shell 函数中。

② 画图应用程序的可执行程序文件名为 mspaint.exe,其路径可以通过如下步骤获得:选择"开始"|"搜索"命令,打开"搜索结果"对话框,"全部或部分文件名"文本框中输入 mspaint.exe,单击"搜索"按钮;右击找到的目标文件,在弹出的快捷菜单中选择"属性"命令,打开"属性"对话框,复制"位置"文本框中的路径。

③ Word 程序的可执行程序文件名为 winword.exe,其路径获取同步骤②。

3. 难题

(1) 创建日期和时间的应用程序,运行界面如图 1.2.7 所示。要求:运行窗体后,第一个文本框显示系统日期,第二个文本框显示当前时间(每秒更新 1 次),第三个文本框显示星期。第四个文本框中输入日期后按 Enter 键,第五个文本框中显示日期之差。

提示：

① 因为要动态显示时间，所以要加入 timer1 定时器。只显示日期可以使用 Today 函数，只显示时间可以使用 TimeOfDay 函数，显示星期可以使用 Weekday 函数。

② 文本框 TextBox4 的 KeyPress 事件参考如下代码：

```
Dim d As Date
If Asc(e.KeyChar) = 13 Then
    d = TextBox4.Text
    TextBox5.Text = DateDiff("d", Now, d)
End If
```

（2）设计"加法测试"程序，完成 4 位数和 3 位数相加的测试，如果运算结果正确，则在文本框右边显示"√"。程序设计界面如图 1.2.8 所示。

图 1.2.7　日期时间应用界面

图 1.2.8　加法测试设计界面

① 如果答错了，界面如图 1.2.9 所示。提示信息"进入下一题，正确答案应为＊＊"，标题信息为"很遗憾，答错了"。

图 1.2.9　加法测试答错界面

② 如果答对了，界面如图 1.2.10 所示。提示信息"进入下一题"，标题信息为"恭喜你，答对了"。

图 1.2.10　加法测试答对界面

四、常见错误与难点分析

1. VB.NET 表达式在书写中需注意的问题

（1）运算符不能相邻。例 a＋－b 是错误的。

(2) 乘号不能省略。例 x 乘以 y 应写成：x * y。
(3) 括号必须成对出现，均使用圆括号。
(4) 表达式从左到右在同一基准并排书写，不能出现上下标。
(5) 要注意各种运算符的优先级别，为保持运算顺序，在写表达式时需要适当添加小括号。

2．赋值语句

(1) 赋值语句跟数学中等式具有不同的含意。例如：x = x + 1 表示把变量 x 的当前值加上 1 后再将结果赋给变量。"先读后写"：读出 x 的内容→加 1→写回 x（覆盖原有内容）

(2) 变量出现在赋值号的右边和左边，其用途是不相同的。出现在右边表达式中时，变量是参与运算的元素（其值被读出）；出现在左边时，变量起存放表达式的值的作用（被赋值）。

3．字符串连接运算符 &、+

字符串连接运算符 & 和 + 相同点：当连接符两旁的操作数都为字符串时，上述两个连接符等价。

两者区别：&（连接运算）：两个操作数不管是字符型还是数值型，进行连接操作前，系统先将操作数转换成字符，然后再连接。+（计算或连接运算）：两个操作数既可为数字字符型也可为数值型，当其中一个是数值型时，系统自动先将另外一个数字字符其转换为数值字符，然后进行算术加操作；若一个是非数字字符型，一个为数值型，则要出错。

注意：使用运算符"&"时，变量与运算符"&"之间应加一个空格。

4．逻辑型与数值型的转换

对于算术运算符，若是数字字符或逻辑型，则自动转换成数值类型后再运算。转换规则为 False→0，True→－1；0→False，非 0→True。

5．字符串注意点

(1) 字符和字符串都必须是用西文的双引号引起。
(2) 区分大小写，如字符串"A"和字符串"a"是两个不同的常量。
(3) ""表示空字符，而" "表示有一个空格的字符。
(4) 若字符串中有双引号，例如，要表示字符串：123"abc，则用连续两个双引号表示，即："123""abc"。

6．逻辑表达式书写错误

若逻辑表达式书写错误，则在 VB.NET 中不会造成语法错误而形成逻辑错误。

要将数学上表示变量 X 在一定数值范围内（如 1＜X≤10），如果在 VB.NET 表达式中写成 1＜X＜=10，程序能正常运行，但结果是不正确的。此时不管 X 的值为多少，表达式的值永远为 TRUE。要表达同样的意思，正确的 VB.NET 表达式应该为：X ＞1 AND X＜=10。

7. 赋值表达式书写错误

若赋值表达式书写错误,则在 VB.NET 中不会造成语法错误而形成逻辑错误。

同时给多个变量赋值,例如要给 X、Y、Z 3 个整型变量赋初值 1,有的读者写成:X=Y=Z=1,运行后结果 X、Y、Z 3 个变量值都为 0。原因是在 VB.NET 中规定一条赋值语句内只能给一个变量赋值,X=Y=Z=1 中,最左侧的一个"="表示赋值,其他两个则表示为关系运算符等号,默认数值类型变量的初值为 0。所以正确的赋值方法:X=1:Y=1:Z=1。

五、习题

1. 选择题

(1) 数据类型为 Long 的数据在内存中占用的字节数为_____。
    A. 1   B. 2   C. 4   D. 8

(2) 以下定义常量不正确的语句是_____。
    A. Const Num As Integer=200
    B. Const　Num1 As Long=200,Sstr$="World"
    C. Const Sstr$="World"
    D. Const Num$=♯World♯

(3) 下面的_____是日期型常量。
    A. "12/19/99"   B. 12/19/99   C. ♯12/19/99♯   D. {12/19/99}

(4) 以下_____程序段可以实施 X、Y 变量值的变换。
    A. Y=X:X=Y   B. Z=X:Y=Z:X=Y
    C. Z=X:X=Y:Y=Z   D. Z=X:W=Y:Y=Z:X=Y

(5) 下列变量名中不正确的是_____。
    A. TName   B. T_Temp   C. T32   D. T32♯

(6) 下列的逻辑表达式中不正确的是_____。
    A. A<B AND C=D   B. X<Y<Z
    C. 1>2 AND 3>1   D. X>Y AND 1=2

(7) 在一个语句行内写多条语句时,语句之间应该用_____分隔。
    A. 逗号   B. 分号   C. 顿号   D. 冒号

(8) 将焦点主动设置到指定的控件或窗体上,应采用_____方法。
    A. SetData   B. Focus   C. SetText   D. GetGata

(9) 下列变量名中不正确的是_____。
    A. sTme   B. T_Temp   C. T12%   D. T_12

(10) 要在垂直位置上移动控件,应利用控件的_____属性。
    A. Left   B. Width   C. Top   D. Height

(11) 假设变量 BOOLVAR 是一个布尔型变量,则下面正确的赋值语句是_____。
    A. BOOLVAR='TRUE'   B. BOOLVAR=.TRUE.
    C. BOOLVAR=♯TRUE♯   D. BOOLVAR=3<4

(12) 声明符号常量应该用关键字_____。
　　A. Static　　　　B. Const　　　　C. Private　　　　D. V26/ariant
(13) 骰子是一个正六面体，分别用1～6代表这6个面，掷一次骰子出现的数可表示为_____。
　　A. int(rnd * 6+1)　　　　　　　　B. int(rnd * 6)
　　C. int(rnd * 7)　　　　　　　　　D. int(rnd(6)+1)
(14) 执行下述代码后，M和N正确的值是_____。

```
Dim X As String = "123"
Dim Y As Integer = 123
Dim M As String = X + Y
Dim N As String = X & Y
```

　　A. "246","123123"　　　　　　　B. 246,"123123"
　　C. "123123","123123"　　　　　D. 123123,"123123"
(15) 在一个语句内写多条语句时，每个语句之间用_____符号分隔。
　　A. ,　　　　　　B. :　　　　　　C. 、　　　　　　D. ;
(16) 一条语句要在下一行继续写，用_____符号作为续行符。
　　A. +　　　　　　B. -　　　　　　C. _　　　　　　D. …
(17) 下面属于合法的字符常数的是_____。
　　A. ABC$　　　　B. "ABC"　　　　C. 'ABC'　　　　D. ABC
(18) 下面属于合法的单精度型变量的是_____。
　　A. mun!　　　　B. sum%　　　　C. xinte$　　　　D. mm#
(19) 在\、/、MoD、* 四个算术运算符中，优先级别最低的是_____。
　　A. \　　　　　　B. /　　　　　　C. Mod　　　　　D. *
(20) 表达式 15 / 5-2 ^ 5 * 6 / 3 Mod 7 \ 2 的值为_____。
　　A. 0　　　　　　B. 1　　　　　　C. 3　　　　　　D. 2
(21) 数学关系表达式 1≤x<5 表示成正确的VB.NET表达式为_____。
　　A. 1<=x<5　　　　　　　　　　　B. 1<=x AND x<5
　　C. x>=1 OR x<5　　　　　　　　D. 1<=x AND <5
(22) 与数学表达式 ab/(2cd) 对应，VB.NET的不正确表达式是_____。
　　A. a*b/(2*c*d)　　　　　　　　B. a/2*b/c/d
　　C. a*b/2/c/d　　　　　　　　　D. a*b/2*c*d
(23) 已知 A$="12345678"，则表达式 Val(Mid(A，1，5) + Mid(A，5，2))的值为_____。
　　A. 123456　　　　B. 1234556　　　C. 12401　　　　D. 26
(24) MsgBox(DateAdd("m", 3, #1/1/2013#))语句显示结果是_____。
　　A. 2013-1-4　　　B. 2013-1-22　　C. 2016-1-1　　　D. 2013-4-1
(25) 表达式 Len("Visual BasiC.NET 程序设计")的值是_____。
　　A. 25　　　　　　B. 24　　　　　　C. 20　　　　　　D. 18

(26) 下面正确的赋值语句是_____。
　　　A. x+y=10　　　　B. y=Π*r*r;　　C. y=x+10　　D. 3y=x
(27) 为了给 x、y、z 3 个变量赋初值 1,下面正确的赋值语句是_____。
　　　A. x=1:y=1:z=1　　　　　　　　B. x=1,y=1,z=1
　　　C. x=y=z=1　　　　　　　　　　D. xyz=1
(28) 赋值语句"a=123+MID("123456",4,3)"执行后,a 变量中的值是_____。
　　　A. "123456"　　　B. 456　　　　C. 123456　　　D. 579
(29) 赋值语句"a=123 & MID("123456",4,3)"执行后,a 变量中的值是_____。
　　　A. "123456"　　　B. 456　　　　C. 123456　　　D. 579
(30) 将逻辑型数据转换成整型数据时,转换规则是_____。
　　　A. 将 True 转换为 −1,将 False 转换为 0
　　　B. 将 True 转换为 1,将 False 转换为 −1
　　　C. 将 True 转换为 0,将 False 转换为 −1
　　　D. 将 True 转换为 1,将 False 转换为 0
(31) $\dfrac{e^{x+y}+\sqrt{\ln x+y}}{2\pi+3}$ 代数表达式对应的 Visual Basic 表达式是_____。
　　　A. Exp(x + y) + Sqrt(Log(x) + y) / (2 * 3.14159 + 3)
　　　B. e^ (x + y) + Sqrt(Ln(x) + y) / (2 *π+ 3)
　　　C. (e^ (x + y) + Sqrt(Log(x) + y)) / (2 * 3.14159 + 3)
　　　D. (Exp(x + y) + Sqrt(Log(x) + y)) / (2 * 3.14159 + 3)
(32) 已知 a = 12,b = 20,复合赋值语句"a * = b + 10"执行后,a 变量中的值是_____。
　　　A. 50　　　　　B. 250　　　　C. 30　　　　D. 360
(33) 要使某个控件在程序运行后可用,应使_____属性值为 True。
　　　A. Visible　　　B. Locked　　　C. Enabled　　　D. AllowDrop
(34) 阅读下面的程序段:

```
Dim n1,n2
n1 = InputBox("请输入第一个数: ")
n2 = InputBox("请输入第二个数: ")
msgbox( n1 + n2)
```

　　　当输入分别为 111 和 222 时,程序输出为_____。
　　　A. 111222　　　B. 222　　　　C. 333　　　　D. 程序出错
(35) 用 MSGBOX 函数显示的对话框,以下叙述正确的是_____。
　　　A. 该对话框有一个"确定"按钮
　　　B. 该对话框有"是"和"否"两个按钮
　　　C. 该对话框有"是"、"否"和"取消"3 个按钮
　　　D. 该对话框通过选择参数可以得到以上不同的的按钮组合
(36) InputBox 函数的默认返回值类型为字符串,用 InputBox 函数输入数值型数据时,下列操作中可以有效防止程序出错的操作是_____。
　　　A. 事先对要接收的变量定义为数值型

B. 在函数 InputBox 前面使用 Str 函数进行类型转换
C. 在函数 InputBox 前面使用 Value 函数进行类型转换
D. 在函数 InputBox 前面使用 String 函数进行类型转换

(37) 在窗体中复制和粘贴 Button 控件时,各 Button 控件的 Name 属性和 Text 属性_____。

A. 所有 Button 控件的 Name 属性和 Text 属性都相同
B. Name 属性相同,Text 属性不同
C. Name 属性不同,Text 属性相同
D. 每个 Button 控件的 Name 属性和 Text 属性相同。

(38) 要使 TextBox 控件的 ForeColor 属性值为红色,在程序代码中应使用_____语句。

A. TextBox1.ForeColor=VbRed
B. TextBox1.ForeColor= Red
C. TextBox1.ForeColor= Color.Red
D. TextBox1.ForeColor=RGB(255,0,0)

(39) TextBox 控件中的_____属性值为 True,可以设置 ScrollBars 属性的值。

A. MultiLine   B. Lines   C. Autosize   D. MaxLength

(40) Timer_Tick() 事件中要启动计时器,必须要设置_____属性。

A. Enabled=True
B. Interval=Value
C. Enabled=True 和 Interval=Value
D. Enabled=True 和 Interval=0

(41) 如果要使命令按钮以图片形式显示,则应使_____属性装入图片。

A. BackGroundImage   B. Image
C. ImageList   D. ImageAlign

(42) 要把文本框控件用作密码输入框,并且在程序启动后,向该控件输入密码时,用户看不到密码是什么,那么应该修改该控件的_____属性。

A. PasswordChar   B. MaxLength   C. MultiLine   D. Lines

(43) 以下程序执行后,TextBox1.Text 结果为_____。

```
Dim x As Integer = 1, a As Integer = 4, b As Integer = 9
Dim Str1, Str2 As String
Str1 = "This " & 5
Str2 = "125"
TextBox1.Text = Str1 + Str(Val(Str2) / 5)
```

A. This 5   B. This 5 25   C. This 25   D. This

(44) 以下程序执行后,TextBox1.Text 结果为_____。

```
Dim x As Integer = 1, a As Integer = 4, b As Integer = 9
x= x * 100
a= a * 10
TextBox1.Text = Str(x + a + b)
```

A. 154   B. 149   C. 155   D. 14

2. 填空题

(1) 所有控件都具有的共同属性是_____属性。

(2) 设置计时器对象触发事件的时间间隔用_____属性。

(3) 改变窗体的标题,应修改窗体的_____属性。

(4) 对象的_____属性在程序运行过程中,只能被引用,不能被修改。

(5) 要使某个控件在程序启动后,能看得见,但不能用,应使该控件的_____属性为False。

(6) 要使 TextBox 控件在程序启动后,只能显示只定内容,不能修改,应使_____属性值为 True。

(7) 如果要定义计时器的计时时间间隔为 2s,则应使其 Interval 属性值为_____。

(8) 一元两次方程 $ax^2+bx+c=0$ 有实根的条件为 $a\neq 0$,并且 $b^2-4ac\geq 0$,列出逻辑表达式_____。

(9) $\sin15°+\dfrac{\sqrt{x+e^3}}{|x-y|}$ 的 VB 表达式为_____。

(10) 在 VB 中,若要使一个文本框(Text)中的内容在超过文本框的宽度时能够自动换行显示,应当将这个文本框的_____属性的值设置为 True。

(11) 大于 X 的最小整数的 VB 表示形式为_____。

(12) 设 a=2,b=3,c=4,d=5,则 NOT a<=c OR 4*c=b^2 AND b<> a+c 的值为_____。

(13) Int(-3.5)+Round(2.456,2)+ Round(2.416)+Fix(3.6)=_____。

(14) 函数 Str( )的功能是将_____类型的数据转换成字符型数据,函数 Val( )的功能是将_____类型的数据转换成数值型数据。

(15) 设 X ="abc123456"则"a" + CStr(Val(Microsoft.VisualBasic.Right(x,3)))的值是_____。

(16) 表达式 81\7 MOD 2^2 的值是_____。

(17) 如果:I=12:J=3:I=int(-8.6)+I\J+13/3 MOD 5,则 I 值是_____,如果:I=11:J=3:I=int(-8.6)+I\J+13/3 MOD 5,则 I 值是_____。

(18) A 和 B 同为正整数或同为负整数的 VB 表达式为_____。

(19) Val("123.45ab567")的值是_____。

(20) 把条件 1<=X<12 写成 VB 关系表达式为_____。

(21) 整型变量 x 中存放了一个两位数,要将两位数交换位置,例如,13 变成 31,实现表达式是_____。

(22) 表示 x 是 5 的倍数或是 9 的倍数的逻辑表达式为_____。

(23) 已知 a=7.5,b=5.0,c=2.5,d=True,则表达式 a>=0 And a+c>b+4.5 Or Not d 的值是_____。

(24) Int(-5.5)、Int(5.5)、Fix(-5.5)、Fix(5.5)、math.Round(5.5)的值分别是_____、_____、_____、_____、_____。

(25) 表达式 UCase(Mid("abcdefgh",3,3))的值是_____。

(26) 在直角坐标系中，x、y 是坐标系中任意点的位置，用 x 和 y 表示在第一象限或第三象限的表达是_____。

(27) 要显示当前机器内日期，函数为_____。

(28) 计算离你毕业（假定 2016 年 6 月 30 日毕业）还有多少天的函数表达式是_____。

(29) 表示 s 字符变量是字母字符（大小写字母不区分）的逻辑表达式为_____。

(30) 数值型变量在默认情况下会被初始化为_____。字符串型变量在默认情况下会被初始化为_____。逻辑型变量在默认情况下会被初始化为_____。

(31) 写出用随机函数产生一个 200～300 的整数的 VB 表达式_____。

(32) 下面程序随机产生一个 3 位正整数，然后逆序输出，产生的数与逆序数同时显示。例如，产生 246，输出是 642。

```
Dim x, y As Integer
x = Int(_____)
y = (x Mod 10) * 100 + _____ + x \ 100
MsgBox("x = " & x & " 逆序后: " & "y = " & y)
```

(33) 写出闰年的条件：YEAR1 能被 400 整除；或能被 4 整除，但不能被 100 整除的 VB．NET 逻辑表达式：_____。

3．简答题

(1) Label 控件和 TextBox 控件都可以显示信息，两者有什么区别？

(2) 使用 InputBox 函数时，返回值是什么数据类型，MsgBox 函数可以用作单独的语句使用吗？

(3) 控件的 Name 和 Text 属性有什么不同？

实验 3　选择结构程序设计

一、实验目的

(1) 掌握逻辑表达式、关系表达式的正确书写格式。
(2) 掌握单分支与双分支条件语句的使用。
(3) 掌握多分支条件语句的使用。
(4) 掌握情况语句的使用及与多分支条件语句的区别。
(5) 掌握单选框、复选框、框架选择控件的使用。

二、实验预备知识

1. If 条件语句

1) If…Then 语句（单分支结构）

语句形式一如下：

```
If <表达式> Then
    语句块(可以是一句或多句语句)
End If
```

其中,表达式一般为关系表达式、逻辑表达式,也可以算术表达式(表达式值按非零为 True,零为 False 进行判断)。该语句的作用是当表达式的值为 True 时,执行 Then 后面的语句块,否则不做任何操作,其流程如图 1.3.1 所示。

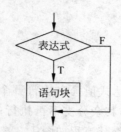

图 1.3.1　单分支结构流程图

语句形式二如下：

```
If <表达式> Then <语句>
```

该语句形式为简单 If 语句,无 End If,Then 后只能是一句语句或语句间用冒号分隔,而且必须在一行上书写,也可以称为单分支行 IF 语句。

2) If…Then…Else 语句(双分支结构)

语句形式一如下：

```
If 表达式 Then
    语句块 1
Else
    语句块 2
End If
```

该语句的作用是当表达式的值为 True 时,执行 Then 后面的语句块 1,否则执行 Else 后面的语句块 2,其流程如图 1.3.2 所示。

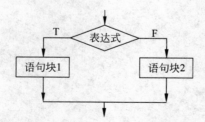

图 1.3.2　双分支结构流程图

语句形式二如下：

```
If 表达式 Then  语句 1 Else 语句 2
```

该语句形式为简单 If 语句,无 End If,Then 或 Else 后只能是一句语句或语句间用冒号分隔,而且必须在一行上书写,也可以称为双分支行 IF 语句。

3) If...Then...ElseIf 语句(多分支结构)

其语句形式如下:

```
If   表达式 1 Then
    语句块 1
 ElseIf   表达式 2 Then
    语句块 2
        ⋮
 [Else
    语句块 n+1]
End If
```

该语句的作用是根据不同的表达式值确定执行哪个语句块。不管有几个分支,依次判断,当某条件满足,执行相应的语句,其余分支不再执行;若条件都不满足,且有 Else 子句,则执行该语句块,否则什么也不执行,其流程如图 1.3.3 所示。

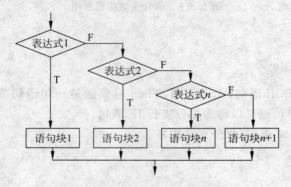

图 1.3.3 多分支结构流程图

4) If 语句的嵌套

If 语句的嵌套是指 If 或 Else 后面的语句块中又包含 If 语句,其语法格式如下:

```
If   表达式 1   Then
    If   表达式 21 Then
        ⋮
    End If
[Else
    If   表达式 22 Then
        ⋮
    End If]
End If
```

区分嵌套层次的方法为每个 End If 与它上面最接近的 IF 配对。书写格式一般为锯齿形,以便于区分和配对。

2. Select Case 语句

Select Case...End Select 语句与 If...Then...Else...End If 语句类似。根据单一条件表

达式来执行多种可能的动作时,Select Case 语句更为简捷,它根据表达式的值,来决定执行几组语句中的一组。

其语法格式如下:

```
Select    Case 表达式
    Case 条件式 1
        语句块 1
    Case 条件式 2
        语句块 2
    ⋮
    [Case Else
        语句块 n+1]
End Select
```

Select 语句首先计算表达式的值,之后与 Case 语句指定的条件式表进行比较。条件式表中可以包含一个或多个值、某个范围的值或值和比较运算符的组合。如果匹配,则执行其后的语句块,以此类推。如果均不匹配,则执行 Case Else 后面的语句块,其流程如图 1.3.4 所示。Case 语句可以有一条或者多条,而且 Case Else 语句可以省略。条件式表与表达式的类型必须相同,是下面 4 种形式之一,如表 1.3.1 所示。

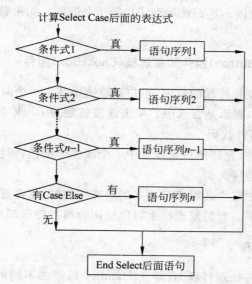

图 1.3.4 Select Case 语句流程图

表 1.3.1 条件式的形式

形　式	示　例	说　明
条件式	Case 10 或 Case a+50	数值或表达式
条件式 to 条件式	Case 100 To 200 或 Case "a" To "z"	用来指定一个值的范围,较小的值要出现在 To 之间。这个值还必须是顺序型数据
Is 关系运算条件式	Case Is<5000	可以配合比较运算符来指定一个数值范围。如果没有提供,则 Is 关键字会被自动插入

3. 条件函数

1) IIf 函数

函数形式：

IIf(表达式,表达式为 True 时的值,表达式为 False 时的值)

作用：IIf 函数是 If…Then …Else 结构的简洁表示。
例如,将 x 和 y 中大的数,放入 Tmax 变量中：

Tmax = IIf(x > y,x,y)

等价于

If x > y Then Tmax = x Else Tmax = y

2) Choose 函数

函数形式：

Choose(整数表达式,选项列表)

作用：根据表达式的值 i,返回选项列表中第 i 个选项。如果整数表达式的值越出选项范围时,返回 Null。

4. 单选按钮（RadioButton）控件和复选框（CheckBox）控件

窗体上要显示一组互相排斥的选项,用户只能选择其中一个时,可以使用单选按钮。常用属性是 Text、Checked,表示是否选中。单击该按钮触发 Click 事件代码,当选项改变时,触发 CheckedChanged 事件代码。

窗体上显示一组选项,允许用户选择其中一个或多个按钮,可使用复选框。复选框控件的属性和事件与单选框控件类似。

当需要在同一窗体中建立几组相互独立的单选按钮时,就需要用分组控件（GroupBox）将每一组单选按钮框起来。当然复选框也可以使用分组控件框起来。

5. 共享事件处理过程

即多个控件共享事件处理过程,只要在 Handles 后添加不同的"对象名.事件",则该过程就能同时响应其他一些控件的事件。形式如下：

对象_事件(参数)Handles 对象.事件,对象 2.事件,…

6. 字体设置

用于指定文本格式,设定文字字型、大小、样式,一般语法为：

对象.font = new font(fontname,fontsize,fontstyle)

其中字体样式：FontStyle. Regular（普通字体）、FontStyle. Bold（粗体）、FontStyle. Italic（斜体）、FontStyle. Underline、（下划线）、FontStyle. Strikeout（删除线）。还有 fontname

和 fontsize 两个参数可以合并成 font，fontstyle 参数可以省略。

三、实验内容

1. 容易题

（1）使用 InputBox 输入一个数，判断这个数的奇偶性。程序运行时，单击 Button1 按钮，在弹出的对话框中输入 88，单击"确定"按钮，消息框提示 88 是偶数，运行界面如图 1.3.5 所示。请填空并调试程序。

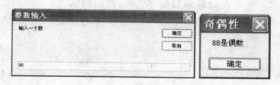

图 1.3.5　奇偶性判断界面

```
Private Sub Button1_Click(...) Handles Button1.Click
    Dim a As Integer
    a = val(InputBox("输入一个数", "整数输入"))
    If _____ Then
        MsgBox(a & "是奇数", , "奇偶性")
    Else
        _____
    End If
End Sub
```

（2）使用 InputBox 输入一个字符，判断输入的字符的种类。若是数字，则提示为数字；若是小写字母，则提示此字母为小写字母，并将该字母转换为大写字母；若为大写字母，则提示此字母为大写字母，并将该字母转换为小写字母；否则输出其他字符。请填空并调试程序。

```
Private Sub Button1_Click(...) Handles Button1.Click
    Dim a,b As String
    a = InputBox("请输入一个字符")
    If _____ Then
        MsgBox(a & "是一个数字")
    ElseIf a >= "A" And a <= "Z" Then
        b = _____
        MsgBox(a & "是一个大写字母,将" & a & "变为小写的字母为" & b)
    ElseIf a >= "a" And a <= "z" Then
        b = Ucase(a)
        MsgBox(a & "是一个小写字母,将" & a & "变为大写的字母为" & b)
    _____
        MsgBox(a & "是其他字符")
    End If
End Sub
```

（3）设计一个程序根据输入的学习成绩（0～100之间），分别显示优秀（90分以上）、良好（75分以上）、及格（60分以上）与不及格（60分以下）。请填空并调试程序。程序运行界面如图1.3.6所示。

```
Private Sub Button1_Click(...) Handles Button1.Click
  Dim i As Integer
  i = Val(InputBox("请输入分数:"))
  If i >= 100 Or i <= 0 Then
    MsgBox("成绩应该在0～100之间!", vbCritical)
    ⋮                    '此处请编写程序代码,然后调试
  End If
End Sub
```

2. 中等题

（1）购买某物品时，若所花的钱 x 在下述范围内，所付钱 y 按对应折扣支付：

$$y = \begin{cases} x & x < 1000 \\ 0.9x & 1000 \leqslant x < 2000 \\ 0.8x & 2000 \leqslant x < 3000 \\ 0.7x & x \geqslant 3000 \end{cases}$$

请分别使用 if elseif 和 select case 语句来实现，设计界面如图1.3.7所示。

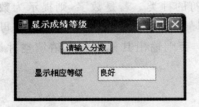

图1.3.6 显示成绩等级界面

图1.3.7 if elseif 和 select case 应用界面

（2）将3个数或者4个数进行从小到大排序，3个数比较的运行界面如图1.3.8所示，4个数比较运行界面如图1.3.9所示。标签和文本框分别按从上到下，从左到右排列。说明：

- 当3个数比较大小时，label1.text 为"请输入3个数"，同时将 textbox4 文本框隐藏。单击"3个数比较大小"按钮显示出"从小到大排序"结果。
- 当4个数比较大小时，单击"4个数比较大小"按钮时，label1.text 变为"请输入4个数"，显示 textbox4 文本框，输入4个数后按 Enter 键显示出"从小到大排序"结果。

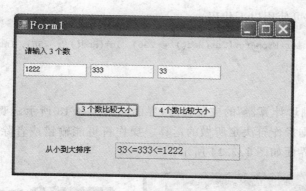

图 1.3.8　3 个数比较的运行界面

（3）输入一个数字（1～7），分别利用 Select 语句和 choose 函数两种方法显示用中文形式的星期一、星期二……星期六、星期日，界面如图 1.3.10 所示。如果输入其他字符则出现如图 1.3.11 所示的提示，同时设置文本框为热点，并将内容清空。

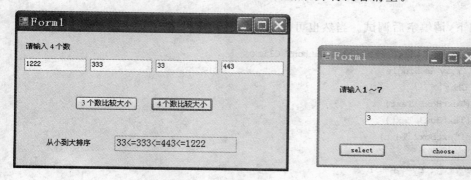

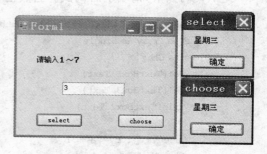

图 1.3.9　4 个数比较的运行界面　　　　　图 1.3.10　select 和 choose 应用界面

（4）按照如图 1.3.12 所示的设计界面单选按钮和复选框应用程序，单击"背景颜色"分组控件中的单选按钮时，变化的是窗体的背景色，当单击了"我选择了哪些课"按钮时，下面文本框应该显示"已学的课程"中复选框中选中的项目。

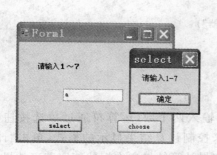

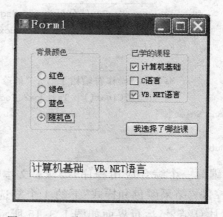

图 1.3.11　提示信息　　　　图 1.3.12　单选按钮和复选框应用界面

随机色背景设置可使用以下代码:

```
Me.BackColor = Color.FromArgb(Int(Rnd() * 256), Int(Rnd() * 256), Int(Rnd() * 256))
```

3. 难题

(1) 编写一个"袖珍计算器"的完整程序,界面如图 1.3.13 所示。要求:输入两个操作数和一个操作符,根据操作符决定所做的运算。操作符可能输错或者除法运算时分母可能为零,要求出现提示界面如图 1.3.14 所示。

图 1.3.13　计算器运行界面

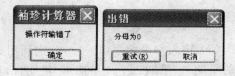

图 1.3.14　出错界面

提示代码如下,请填空后调试。当然也可以完全自己设计程序。

```
Private Sub Button1_Click(...) Handles Button1.Click
    Dim a, b, r, y As Single
    Dim c As Char
    a = Val(TextBox1.Text)
    b = Val(TextBox3.Text)
    c = Trim(TextBox2.Text)
    _____
        Case "+" : r = a + b
        Case "-" : r = a - b
        Case "*" : r = a * b
        Case "/"
            If b <> 0 Then
                r = a / b
            _____
                y = MsgBox("分母为 0", MsgBoxStyle.RetryCancel, "出错")
                If y = vbRetry Then TextBox3.Text = "" : TextBox3.Focus()
            End If
        _____
            MsgBox("操作符输错了", , "袖珍计算器")
            TextBox2.Clear() : TextBox2.Focus()
    End Select
    _____
End Sub
```

(2) 编写一个综合应用程序,要求:文本框中输入两个数,运算符通过单选按钮来选择,分组控件"结果颜色和样式"下的 4 个复选框来控制计算结果显示的格式,单击"计算"按钮显示计算结果,运行界面如图 1.3.15 所示。如果计算结果文本框的红字黄底效果不能显示,则设置该文本框的 readonly 属性为 False。

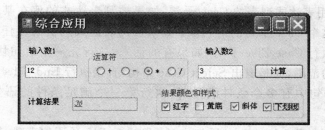

图 1.3.15 综合应用运行界面

提示：

① 根据复选框的状态来控制计算结果的颜色和样式，可以使用 FontStyle 枚举类型确定字型（Regular 普通文本、Bold 粗体、Italic 斜体、Strikeout 删除线、Underline 下划线），然后构造字体对象，最后设置文本框的 Font 属性。其中斜体复选框的代码如下（TextBox3. Font. Style 表示原来字型）：

```
If CheckBox3.Checked Then
    TextBox3.Font = New Font(TextBox3.Font, TextBox3.Font.Style Or FontStyle.Italic)
Else
    TextBox3.Font = New Font(TextBox3.Font, TextBox3.Font.Style And Not FontStyle.Italic)
End If
```

② 4 个复选框可以共享事件处理过程，过程代码请自己完成。

```
Private Sub CheckBox1_CheckedChanged(...) Handles CheckBox1.CheckedChanged, CheckBox2.CheckedChanged, CheckBox3.CheckedChanged, CheckBox4.CheckedChanged
```

四、常见错误与难点分析

1. if 语句注意问题

（1）在多行形式的 If 块语句中，要求书写严格，关键字 Then、Else 后面的语句块必须换行书写。

（2）在单行形式的 If 块语句中，必须在一行上书写，多个语句要用冒号连接。

（3）ElseIf 不能写成 Else If，即中间不能出现空格。

（4）在选择结构中缺少配对的结束语句。对多行形式的 If 块语句中，应有配对的 End If 语句结束。否则，在运行时系统会显示"If 块没有 End If"的编译错误。

（5）依次判断条件，如果找到一个满足的条件，则执行其下面的语句块，然后跳过 End If，执行后面的程序。

（6）如果所列出的条件都不满足，则执行 Else 语句后面的语句块；如果所列出的条件都不满足，又没有 Else 子句，则直接跳过 End If，不执行任何语句块。

（7）Else 和位于其上方的最近的 If 配对。

2. Select Case 语句注意问题

（1）在执行到 Select Case 语句时，先计算被测表达式的值，然后按从上到下的顺序检测

End Select 前的使用表达式列表的 Case 子句,如果被测表达式的值在某个 Case 子句指定的范围中,则执行这个 Case 子句的语句块;如果被测表达式的值不在任何一个 Case 子句指定的范围中,则执行 Case Else 子句(如果有的话)。执行完一个语句块后不再检测下一个 Case 子句指定的范围,而是退出 Select Case 结构,直接执行 End Select 后面的语句。

(2) 当 Case 语句中有多个条件满足时,执行第一个满足条件的语句,其他语句不执行了。

(3) 多分支结构,用 Select Case 语句比 If...Then...ElseIf 语句直观,程序可读性强。但不是所有的多分支结构均可用 Select Case 语句代替 If...Then...ElseIf 语句。Select Case 语句只适合于根据一个表达式的值进行分支选择,IF...ElseIf...语句结构却可以检测多个表达式。

(4) Select Case 结构每次都要在开始处计算表达式的值,而 If...Then...Else 结构为每个 ElseIf 语句计算不同的表达式,只有在 If 语句和每个 ElseIf 语句计算相同的表达式时,才能使用 Select Case 结构替换 If...Then...Else 结构。

(5) 表达式列表 N:必须与"测试表达式"具有相同的类型,可以是以下几种情形之一:
① 表达式(包括常量和变量)。
② 若干符合条件的值用","隔开。
③ (表达式1)TO(表达式2)(下界 To 上界)。
④ IS(关系表达式)。

例如,可以使用如下形式的 Case 子句:Case 1 To 3,6 To 9,14,16,Is＞40,这个子句指定的被测表达式的范围是从 1 到 3、从 6 到 9、14、16 以及大于 40 的数。

(6) 可选子句 Case Else 表示不符合所有表达式列表时执行的语句块,Case Else 子句也可以省略。

(7) 注意 Select 与 End Select 要配对出现,Select Case 语句可以嵌套使用。

3. 选择控件

一组单选按钮相互之间有所牵制,任何时候只能有一个被选中,可以通过共享事件处理过程中编写多分支结构来判断。

复选框控件是相互独立的,可以通过各自事件中编写单分支结构来判断。

五、习题

1. 选择题

(1) If 语句后面的表达式应该是_____。
  A. 逻辑或关系表达式   B. 字符表达式
  C. 算术表达式   D. 任意表达式

(2) VB.NET 提供了结构化程序设计的 3 种基本结构,分别是_____。
  A. 递归结构、选择结构、循环结构 B. 顺序结构、选择结构、过程结构
  C. 过程结构、输入输出结构、转向结构 D. 顺序结构、选择结构、循环结构

(3) 按照结构化程序设计的要求，下面的_____语句是非结构化程序设计语句。
  A. if   B. For   C. GoTo   D. Select Case

(4) 下列 if 语句中，语法不正确的是_____。
  A. if x > 1 then y = x   B. if x + 1 > 3 then y = x
                  else
                    y = 0
                 end if
  C. if x > 1 then   D. if x > 2 then
     y = x   y = x + 1
     if x > 2 then y = x + 1   end if
   end if

(5) 下面程序段运行后，显示的结果是_____。

```
Dim x% : If x Then MsgBox(x) Else MsgBox(x + 1)
```

  A. 1   B. 0   C. −1   D. 显示出错信息

(6) 语句"If x＝1 Then y＝1"下列说法正确的是_____。
  A. "x＝1"和"y＝1"均为赋值语句
  B. "x＝1"和"y＝1"均为关系表达式
  C. "x＝1"为关系表达式"y＝1"为赋值语句
  D. "x＝1"为赋值语句"y＝1"为关系表达式

(7) 下面 If 语句统计满足性别(sex)男、职称(duty)为副教授以上、年龄(age)小于 35 岁条件的人数，正确的语句是_____。
  A. If sex＝"男" And age＜35 And InStr(duty,"教授")＞0 Then n＝n＋1
  B. If sex＝"男" And age＜35 And duty＝"教授" or duty＝"副教授" Then n＝n＋1
  C. If sex＝"男" And age＜35 And Right(duty,2)＝"教授" Then n＝n＋1
  D. If sex＝"男" And age＜35 And duty＝"教授"And duty＝"副教授" Then n＝n＋1

(8) 下面语句求两个数中的大数，_____不正确。
  A. Max1＝IIf(x＞y, x, y)   B. If x＞y Then Max1＝x Else Max1＝y
  C. Max1＝Math. Max(x, y)   D. If y＞＝x Then Max1＝y：Max1＝x

(9) 设 a＝1, b＝2, c＝3, d＝4, 则表达式 IIf(a＜b, a, IIf(c＜d, a, d)) 的结果为_____。
  A. 4   B. 3   C. 2   D. 1

(10) 若 x＝1, 执行语句 If x Then x ＝ 0 Else x ＝ 1 的结果是_____。
  A. 实时错误 B. 编译错误 C. x＝1 D. x＝0

(11) 运行下列程序时，如果连击 3 次 Button1，且输入 9,3,16，文本框 TEXTBOX1 获得的运行结果是_____。

```
Private Sub Button1_Click(...) Handles Button1.Click
    Dim x As Integer
```

```
Dim y As Integer
x = Val(InputBox("输入数据"))
If Int(Math.Sqrt(x)) <> Math.Sqrt(x) Then
    y = x * x
Else
    y = Math.Sqrt(x)
End If
TEXTBOX1.Text &= Str(y)
End Sub
```

  A. 3 3 4   B. 81 9 256   C. 3 9 4   D. 9 3 16

(12) 设输入的数据分别为 14、3 时，标签 Label1 中显示的值分别是_____。

```
Dim a As Integer
a = Val(InputBox("请输入一个数"))
Select Case a Mod 5
    Case Is < 2
        w = a + 10
    Case Is < 4
        w = a * 2
    Case Else
        w = a - 10
End Select
Label1.Text = Str(w)
End Sub
```

  A. 4、6   B. 6、4   C. 24、6   D. 6、24

(13) X 是单精度类型变量，用 Select 语句表示下列处理的正确语句是_____。

当 0≤X<60 时，输出"不及格"；当 60≤X<70 时，输出"及格"；
当 70≤X<80 时，输出"中"； 当 80≤X<90 时，输出"良"；
当 90≤X≤100 时，输出"优"。

```
A. Select case X              B. Select case X
     Case   X < 60                 Case   0 to 59
       Msgbox("不及格")               Msgbox("不及格")
     Case   X < 70                 Case   60 to 69
       Msgbox("及格")                 Msgbox("及格")
     Case   X < 80                 Case   70 to 79
       Msgbox("中")                  Msgbox("中")
     Case   X < 90                 Case   80 to 89
       Msgbox("良好")                 Msgbox("良好")
     Case   X <= 100               Case   90 to 100
       Msgbox("优")                  Msgbox("优")
     Case   else                   Case   else
       Msgbox("不在转换范围内")         Msgbox("不在转换范围内")
   End  Select                   End  Select
```

```
     C. Select case X                   D. Select case X
          Case  is < 60                      Case  is <= 100
            Msgbox("不及格")                    Msgbox("优")
          Case  is < 70                      Case  is < 90
            Msgbox("及格")                      Msgbox("良好")
          Case  is < 80                      Case  is < 80
            Msgbox("中")                        Msgbox("中")
          Case  is < 90                      Case  is < 70
            Msgbox("良好")                      Msgbox("及格")
          Case  is <= 100                    Case  is < 60
            Msgbox("优")                        Msgbox("不及格")
          Case  else                         Case  else
            Msgbox("不在转换范围内")             Msgbox("不在转换范围内")
        End  Select                       End  Select
```

（14）在窗体上放入一个名称为 Button1 命令按钮和两个名称分别为 TextBox1、TextBox2 两个文本框，然后编写如下事件过程：

```
Private Sub Button1_Click(...) Handles Button1.Click
    Dim n, x As Integer
        n = Val(TextBox1.Text)
    Select Case n
        Case 1 To 8
            x = 10
        Case 2, 4, 6
            x = 20
        Case Is < 10
            x = 30
        Case 10
            x = 40
    End Select
    TextBox2.Text &= x & " "
End Sub
```

程序运行后，在文本框 TextBox1 中分别输入 2、9、10，然后单击命令按钮，则在 TextBox2 中显示的内容是_____。

  A. 20 40 30   B. 10 30 40
  C. 20 30 40   D. 10 20 40

（15）以下程序运行后，TextBox1 中显示的文本是_____。

```
Dim x As Integer = 1, a As Integer = 0, b As Integer = 0
Select Case x
Case 0 : b = b + 1
Case 1 : a = a + 1
Case 2 : a = a + 1 : b = b + 1
End Select
TextBox1.Text = "a = " + Str(a) + ",b = " + Str(b)
```

A. a＝2,b＝1　　　　　　B. a＝1,b＝1
C. a＝1,b＝0　　　　　　D. a＝2,b＝2

2. 填空题

(1) 如果 x＝5,y＝12,那么 iif(x＞y , x , y)＝_____。

(2) I＝3,则 choose(I ,"＋","－","＊","/")＝_____。

(3) 下列程序的执行结果为_____。

```
A = 75
If A > 60 Then I = 1
If A > 70 Then I = 2
If A > 80 Then I = 3
If A > 90 Then I = 4
Msgbox( I)
```

(4) 下列程序的执行结果为_____。

```
A = 75
If A > 60 then
    I = 1
ElseIf A > 70 Then
    I = 2
ElseIf A > 80 Then
    I = 3
ElseIf A > 90 Then
    I = 4
End  If
Msgbox( I)
```

(5) 用 If 语句,Select Case 语句两种计算方法计算分段函数。

$$y = \begin{cases} x^2 + 2x + 1 & x > 30 \\ \sqrt{3x-3} & 10 \leqslant x \leqslant 30 \\ \frac{3}{11} + |x| & x < 10 \end{cases}$$

```
Dim x! , y!
x = Val(TextBox1.Text)
If    ①    Then
    y = x * x + 2 * x + 1
ElseIf    ②    Then
    y = 3/11 + Math.Abs(x)
Else
    y = Math.Sqrt(3 * x) - 3
End If
MsgBox("y = "& y)
```

```
Dim x! , y!
x = Val(TextBox1.Text)
Select Case x
    Case    ③
        y = x * x + 2 * x + 1
    Case    ④
        y = 3/11 + Math.Abs(x)
    Case Else
        y = Math.Sqrt(3 * x) - 3
End Select
MsgBox("y = "& y)
```

（6）文本框中输入一个年份后按 Enter 键，判断它是否为闰年，并显示是否是闰年的有关信息，如果输入 2008，结果如图 1.3.16 所示。判断闰年的条件是：年份能被 4 整除但不能被 100 整除，或能被 400 整除。

图 1.3.16　判断是否闰年的程序运行界面

```
Private Sub TextBox1_KeyPress(...) Handles TextBox1.KeyPress
    If ____①____ Then
        Dim y As Integer
        y = TextBox1.Text
        If ____②____ Or y Mod 400 = 0 Then
            Label2.Text = y & "是闰年"
        ____③____
            Label2.Text = y & "是平年"
        End If
    End If
End Sub
```

实验 4　循环结构程序设计

一、实验目的

（1）掌握 FOR 语句的使用。
（2）掌握 DO 语句各种形式的使用。
（3）掌握如何控制循环条件，防止死循环或不循环。
（4）掌握滚动条、进度条和定时器控件的使用。

二、实验预备知识

1．For…Next 循环语句

For 循环语句用于控制循环次数已知的循环结构，形式如下：

```
For 循环变量 = 初值 To 终值 [Step  步长]
    语句块
    [Exit For]
    语句块
Next  [循环变量]
```

循环流程如下,流程图如图 1.4.1 所示。

(1) 循环变量被赋初值,它仅被赋值一次。

(2) 判断循环变量是否在终值范围内,如果是,执行循环体;否则结束循环,执行 Next 的下一语句。

(3) 循环变量加步长,转步骤(2),继续循环。

说明:

- 步长值决定每执行一次循环,循环变量的修订量。省略 Step 子句则默认步长值为 1。当步长大于 0 时初值小于终值,当步长小于 0 时初值大于终值。
- 在循环体中若遇到 Exit For 语句则无条件退出循环,执行 Next 语句之后的语句。
- 循环次数 = $\mathrm{Int}\left(\dfrac{终值-初值}{步长}+1\right)$。

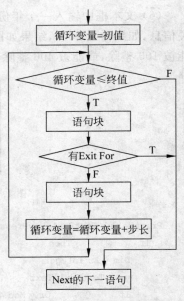

图 1.4.1 循环结构流程图

2. Do…loop 循环语句

Do…loop 循环语句主要用于循环次数未知的循环结构,有两种语法格式。

1) 格式 1

Do[While|Until<条件表达式>]
    [<循环体语句块>]
    [Exit Do]
Loop

2) 格式 2

Do
    [<循环体语句块>]
    [Exit Do]
Loop[While|Until<条件表达式>]

说明:

- 格式 1 常被称为前测型循环,即在执行循环体语句前首先判断是否满足循环条件,然后根据判断结果决定是否执行循环体语句。如果条件表达式值为 True,则执行循环体语句,否则执行 Loop 语句之后的语句。
- 格式 2 常被称为后测型循环,即不管循环条件是否成立首先执行循环体语句。执行完一次后再判断条件是否满足,如果满足则又一次执行循环体语句,如果不满足则退出循环。
- 这两种格式在使用关键字 While 时可以解释成"当条件成立时执行循环体语句"。使用关键字 Until 时则表示"直到条件表达式的值为真才退出循环"。
- 控制循环执行次数的循环变量每次循环时要修改其值,否则会造成死循环。
- Exit Do 为无条件退出循环的语句。通常与选择结构的语句配合使用。

3. Continue 语句和 Exit 语句

VB.NET 2005 中新增形式：Continue For、Continue Do 主要用于循环结构,结束本次循环。

VB 中有多种形式的 Exit 语句,用于退出某种控制结构的执行。Exit 的形式有 Exit For、Exit Do。主要用于循环结构,结束本层(重)循环。

4. 循环的嵌套

在一个循环体内又包含了一个完整的循环结构称为循环的嵌套。循环嵌套对 For 循环语句和 Do…Loop 语句均适用。

5. 水平滚动条(HScrollBar)控件和垂直滚动条(VScrollBar)控件

滚动条控件分为两种：垂直滚动条和水平滚动条,其主要作用是方便地改变可视浏览区域的范围。两种滚动条的属性、事件以及使用方法是相同的。

常用的属性有：

(1) Value 属性——用于设置或获取当前的滑块所在位置的值,其取值范围为大于 Minimum 属性值,并且小于 Maximum 属性值。

(2) Minimum 属性——用于设置滚动条 Value 属性的最小取值。

(3) Maximum 属性——用于设置滚动条 Value 属性的最大取值

(4) LargeChange 属性——用于设置单击滑块与上下箭头之间区域一次,滑块所移动的距离。

(5) SmallChange 属性——用于设置单击滚动条二端三角箭头时滑块的移动量。

当 LargeChange 属性大于 1 时,Value 值不能达到 Maximum 所指示的最大值,只能达到 Maximum-LargeChange+1。例如若想使 Value 达到最大值 100,而 LargeChange 是缺省值 10 时,应该将 Maximum 设置为 109,即 100+LargeChange-1。

6. 进度条控件

进度条控件用于直观地显示某个任务完成的状态,是一个水平放置的指示器。
常用的属性有：
(1) Maximum 属性——用于设置进度条控件对象的最大值。
(2) Minimum 属性——用于设置进度条控件对象的最小值。
(3) Value 属性——用于设置进度条控件对象的当前值。该值应介于 Maximum 属性值和 Minimum 属性值之间。
(4) Step 属性——用于设置进度条每次的增加值。

三、实验内容

1. 容易题

(1)"阶乘和"程序：已知一个整数 n 的值,计算 $1!+2!+3!+\cdots+n!$,运行界面如图 1.4.2 所示。请将下列程序填写完整再进行调试验证。

图 1.4.2 "阶乘和"程序运行界面

```
Private Sub Button1_Click(...) Handles Button1.Click
    Dim i, n, s, a As Integer
    n = Val(TextBox1.Text)
    s = 0
    _____
    For i = 1 To n
        _____
        s = s + a
    Next
    Label1.Text = "1! + 2! + 3! + … + " & n & "! = "
    _____
End Sub
```

（2）设计一个应用程序"奇数偶数之和"，当输入某一整数范围（输入上限值和下限值）后，单击"确定"按钮可计算出该范围内所有偶数的和与所有奇数的和。单击"清除"按钮将程序界面恢复到初始状态。程序运行界面如图 1.4.3 所示。要求程序能对用户输入数据的合法性进行验证，当用户没有输入上、下限数值时或者输入非数字时给出错误的提示，当输入的下限大于上限时自动交换两数值。

这里给出"确定"按钮单击事件的部分代码，请填空后调试。

图 1.4.3 "奇数偶数之和"程序运行界面

```
Private Sub Button1_Click(...) Handles Button1.Click
    Dim m, n, i, j, k, t As Integer
    If IsNumeric(TextBox1.Text) And _____ Then
        m = Val(TextBox1.Text)
        n = Val(TextBox2.Text)
        If m > n Then t = m: _____ : _____
        For _____
            _____
                j = j + i
            Else
                _____
            End If
        Next
        Label3.Text = "偶数的和为:" & j
        Label4.Text = "奇数的和为:" & k
    Else
        MsgBox("请输入合法的数据")
    End If
```

End Sub

（3）设计一个"产生66"循环程序，要求随机产生60～80的整数并且显示在标签上，当出现66时停止显示。标签上显示的数要求5个一行显示，程序运行结果如图1.4.4所示。单击"开始"按钮时执行的事件代码如下，请填空后调试。

图1.4.4 "产生66"程序运行界面

```
Private Sub Button1_Click(...) Handles Button1.Click
    Randomize()
    Label1.Text = ""
    Dim i, j As Integer
    Do While _____
        j = j + 1
        i = _____
        Label1.Text = Label1.Text & i & Space(3)
        If j Mod 5 = 0 Then _____
    Loop
    Label1.Text &= vbCrLf & "已出现66"
End Sub
```

（4）设计一个"能被5整除的数"程序，界面设计如图1.4.5所示，求在一定范围之内能被5整除的数，结果显示在文本框中，结果要求4个一行显示。

（5）设计"计算π的近似值"程序，π的计算公式为：$\pi = 2 \times \dfrac{2^2}{1 \times 3} \times \dfrac{4^2}{3 \times 5} \times \dfrac{6^2}{5 \times 7} \times \cdots \times \dfrac{(2 \times n)^2}{(2n-1) \times (2n+1)}$，程序运行界面如图1.4.6所示，显示 $n=1000$、$n=10\,000\,000$ 时的结果，程序代码填空并调试验证结果。

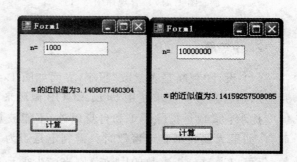

图1.4.5 "能被5整除的数"程序运行界面　　　图1.4.6 "计算π的近似值"程序运行界面

```
Dim n, t, s As Double
s = _____
For n = _____
    t = _____
    s * = t
Next
Label2.Text = "π的近似值为" & s
```

(6) ①用单循环显示有规律图形,如图1.4.7所示,请程序代码填空并调试。

提示:
- 对于特殊符号"☆"可通过汉字标准输入的软键盘菜单中的特殊符号来实现。
- 在VB.NET中,利用函数StrDup(2 * i－1, "☆")产生重复字符串。
- 然后通过循环结构定位显示的起始位SPACE(20－2*i)(一个"☆"要占两个空格位置),显示有规律的子串,vbCrLf用于回车换行。

```
Private Sub Button1_Click(...) Handles Button1.Click
Dim i%
Dim s1 As String
Label1.Text = ""
For i = 1 To 10
    s1 = StrDup(_____)
    Label1.Text & = _____ & s1 & vbCrLf
Next
End Sub
```

② 请修改程序,使得显示结果如图1.4.8所示。这里显示的字符可使用:Chr(Asc("A")+i－1)。

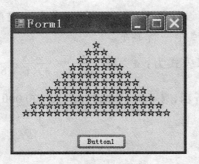

图1.4.7 有规律图形(1)

图1.4.8 有规律图形(2)

2. 中等题

(1) 设计"判断是否素数"程序,界面如图1.4.9所示,输入一个整数后按Enter键判断并显示是否素数。要求使用DO…LOOP循环来实现程序循环。

提示:素数是指除了1和自身以外,不能被其他数整除的整数。首先,对于输入的数 n 而言,如果为偶数则验证素数时只需判定是否为2即可(偶数中只有2为素数),而若 n 为奇数,仍可以通过分析整数的因数范围来减少循环次数。由于整数的因数在 $1 \sim \sqrt{n}$ 之间,因

图 1.4.9 "判断是否素数"程序运行界面

此对于奇数 n 只需判定能否被在 $3 \sim \sqrt{n}$ 之间的数整除即可。

(2) 利用 VB 创建一个"随机数"程序,生成 10 个范围是 $1 \sim 100$ 随机整数,并求出它们的最大值,最小值和平均值。程序界面如图 1.4.10 所示,有 3 个 label 控件和 2 个按钮控件。要求程序运行时,单击"产生并计算"按钮,就在 label1 控件上显示出 10 个随机生成的整数,并对这 10 个整数求最大值,最小值和平均值,显示在 label3 中。单击"结束"按钮退出程序。

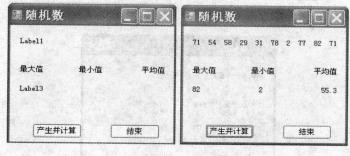

图 1.4.10 "随机数"程序设计和运行界面

(3) 设计"倒三角图案"程序,要求使用双重循环显示有规律图形,输入一个小于 10 的整数 n,如输入 9,输出如图 1.4.11 所示的形式。注意:输入不同的数字都要保持图案为倒三角形。

图 1.4.11 "倒三角图案"程序运行界面

【算法设计】

对于图形的输出要注意以下几点:

① 外重循环表示行数,所以步长为正或步长为负均可,因外重循环次数不变。步长的正负只与内重循环有关。

② 内重循环表示每行的字符数,即内重循环次数为每行的字符个数。

③ 在每行数据打印之前,应定位第一个字符的位置,每行数据打印之后,应换行。

```
Private Sub TextBox1_KeyPress(...) Handles TextBox1.KeyPress
    If Asc(e.KeyChar) = 13 Then
        Dim i, j, n As Integer
        n = TextBox1.Text
        Label1.Text = ""
        For i = 1 To _____
            Label1.Text &= Space(_____)
            For j = 1 To _____
                Label1.Text &= _____
            Next
            Label1.Text &= _____
        Next
    End If
End Sub
```

（4）设计"2～N 之间素数"程序，请输入一个整数 N，求 2～N 之间的素数，界面如图 1.4.12 所示，请程序代码填空以后调试。

图 1.4.12 "2～N 之间素数"程序运行界面

```
Dim i, m, N As Integer
Dim tag As Boolean
N = textbox1.text
TextBox2.Text = "2 -- " & TextBox1.Text & "之间的素数有：" & _____
For _____
    tag = True
    For _____
        If (m Mod i) = 0 Then
            tag = False                    '设置逻辑变量
            _____                       '退出循环
        End If
    Next
    If tag Then _____ &= m & " "
Next
```

（5）设计"倒计时进度条程序"，利用文本框、进度条、定时器设计一个带有进度条的倒计时程序，要求倒计时时间是以分钟为单位输入，以"分:秒"显示倒计时，进度条指示的是倒数读秒剩余时间,即填充块的数目是随时间减少的。初始运行界面如图 1.4.13 左图所示,输入分钟并按 Enter 键后,如图 1.4.13 右图所示。

图 1.4.13 "倒计时进度条程序"运行界面

提示:

① 关键问题是通过文本框获得倒计时的分钟后,将其转换成秒,并将秒数与进度条的最大值相关联。

② 在定时器的 tick 事件中,秒数每次减 1,将秒数与进度条的 value 值相关联,使其形成倒计时的进度条效果。直到秒数为 0,定时器停止工作。

```
Public Class Form1
    Dim t %
    Private Sub Form1_Load(...) Handles MyBase.Load
        ProgressBar1.Value = ProgressBar1.Maximum
    End Sub
    Private Sub TextBox1_KeyPress(...) Handles TextBox1.KeyPress
        If Asc(e.KeyChar) = 13 Then
            ⋮                         '此处请编写代码
        End If
    End Sub
    Private Sub Timer1_Tick(...) Handles Timer1.Tick
        t = t - 1
        TextBox1.Text = t \ 60 & ":" & t Mod 60
        ProgressBar1.Value = t
        If t = 0 Then
            ⋮                         '此处请编写代码
        End If
    End Sub
End Class
```

3. 难题

(1) 新建一个"图片浏览缩放"应用程序,单击图片框连续显示 D 盘 Picture 文件夹中有 5 个图片分别是 p1.bmp、p2.bmp、p3.bmp、p4.bmp、p5.bmp,通过滚动条操作可以控制图片的大小。程序运行界面如图 1.4.14 所示。

提示:

① 将图片框的 SizeMode 设置为 StretchImage 枚举值,使得图片随着图片框的大小变化。

图 1.4.14 "图片浏览缩放"程序运行界面

② 将滚动条的最大值与最小值与图片放大和缩小的大小关联。
③ 请根据代码填空并进行调试。

```
Private Sub Form1_Load(...) Handles Me.Load
    Me.Text = "单击浏览图片"
    HScrollBar1.Minimum = 10
    HScrollBar1.Maximum = PictureBox1.Width + 9
    VScrollBar1.Minimum = 10
    VScrollBar1.Maximum = PictureBox1.Height + 9
End Sub
Private Sub HScrollBar1_Scroll(...) Handles HScrollBar1.Scroll
    PictureBox1.Width = _____
End Sub
Private Sub VScrollBar1_Scroll(...) Handles VScrollBar1.Scroll
    PictureBox1.Height = _____
End Sub
Private Sub PictureBox1_Click(...) Handles PictureBox1.Click
    Dim PicturePath As String
    Static i As Integer = 0              '声明一个静态变量 i
    _____
    If i > 5 Then
        i = 1
    End If
    PicturePath = "d:\picture\p " & i & ".bmp"
    PictureBox1.Image = _____(PicturePath)
End Sub
```

(2) 使用循环语句输出如图 1.4.15 和图 1.4.16 所示的组合图形。

图 1.4.15 组合图形(1)

图 1.4.16 组合图形(2)

四、常见错误与难点分析

1. 不循环或死循环的问题

不循环或死循环的问题主要考虑循环条件、循环初值、循环步长等设置是否正确。例如以下循环语句将不执行循环体或者死循环。

```
For i = 1 to 100 step -1      '步长为负,初值必须大于等于终值,才能执行循环体
For i = 100 to 1              '省略步长,相当于步长为 1,步长为正,初值必须小于等于终值
Do while false                '循环条件永远不满足,不循环
For i = 1 to 100 step 0       '步长为 0,死循环
Do while true                 '循环条件永远满足死循环;这时在循环体内应有终止循环的语句
```

2. 循环结构语句的比较

循环结构语句比较多,它们之间有些可以进行等价转换。通常,当知道循环的初值和终值时,使用 For…Next 循环语句。例如求从 1 到 100 的所有整数和,最好使用 For…Next 循环语句。

当不清楚循环的初值和终值,只知道循环的条件时,使用 Do…Loop 循环语句。但需要注意的是,Do While…Loop 前测型循环语句是先判断条件是否为真再循环,Do…Loop While 后测型循环语句是先循环再判断条件是否为真。Do…Loop Until 是先循环再判断条件是否为假。

3. 计数、累加、连乘结果变量赋初值问题

计数一般的语句格式是:n=n+1 的形式,每循环一次自动加 1,而累加的一般格式是:s=s+x,每次将 x 的值累加到 s 中去。如果已经定义 n、s 为数值型变量,则默认初值为 0,可以省略赋初值。而连乘的一般格式是:p=p*j,此时 p 应该赋初值 1。例如,求 10! 的语句段为:

```
p = 1
For i = 1 to 10
  p = p * i
Next i
```

如果是多重循环,存放累加、连乘结果的变量初值设置放在内、外循环的位置应视具体问题分别处理。

例如,以下程序段是求出 10 位同学 3 门课的平均成绩:

```
For i = 1 To 10
  aver = 0                    '每换一位同学重新置 0
  For j = 1 To 3
    m = InputBox("输入第" & j & "门课的成绩:")
    aver = aver + m
  Next j
  aver = aver / 3
  Label1.text = "第" & i & "位同学的平均成绩是:" & aver & vbcrlf
Next
```

4. 快捷方式生成流程控制语句

在 VB 2005 中,程序员除了可以在代码编辑窗口中,直接输入各种流程控制语句,还可以通过快捷方式——"插入代码段"来生成各种语句,这是 VB 2005 与以前版本的 VB 相比

的一个最重要的特点。

程序员在代码编辑窗口中,单击鼠标右键,在快捷菜单中选择"插入代码段"选项,系统自动显示一个下拉列表,选择"通用代码模式"选项,再选择"条件语句和循环"选项,会弹出所有条件和循环语句的列表选择项,如图1.4.17所示。可以选择其中一项,插入代码段。

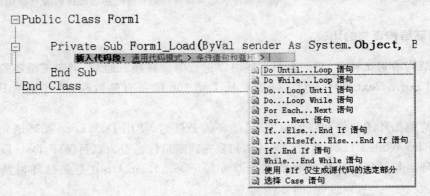

图1.4.17　插入代码段方法

5. 循环的嵌套

在一个循环体内又包含了一个完整的循环,这样的结构称为多重循环或循环的嵌套。在程序设计时,许多问题要用二重或多重循环才能解决。

二重循环的执行过程是外循环执行一次,内循环执行多次,在内循环结束后,再进行下一次外循环,如此反复,直到外循环结束。

注意:

(1) 内循环计数器变量与外循环计数器变量不能同名。

(2) 外循环必须完全包含内循环,不能交叉。

(3) 不能从循环体外转向循环体内,反之则可以。

五、习题

1. 选择题

(1) 如果For语句中的步长值为正,则循环正常结束时_____。

　　A. 循环变量的终值＞＝初值　　　　　　B. 循环变量的终值＜初值

　　C. 循环变量的终值＝初值　　　　　　　D. 以上说法都错

(2) 下面关于for…next循环的叙述中,不正确的说法是_____。

　　A. 省略步长,系统默认为:步长是1

　　B. 循环变量必须是数值型

　　C. 循环体内必须有Exit For语句

　　D. 如果初值大于终值,不能省略step步长,否则循环不能执行。

(3) 在设计循环语句时,若有以下要求:在执行循环之前先测试条件表达式expression;让代码循环执行到该条件表达式的值取"真"。则应使用下列哪种Do Loop循环语句？_____。

　　A. Do...Loop Until expression　　　B. Do...Loop While expression
　　C. Do While expression...Loop　　　D. Do Until expression... Loop

（4）执行下面的程序段后，x 的值为_____。

```
x = 5
For  i = 1 To 20 Step 2
     x = x + i\5
Next i
```

　　A. 21　　　　B. 18　　　　C. 22　　　　D. 13

（5）由 For k＝35 to 0 step 3:next k 循环语句控制的循环次数是_____。
　　A. 0　　　　B. 12　　　　C. －11　　　D. －10

（6）由 For k＝10 to 0 step -3:next k 循环语句控制的循环次数是_____。
　　A. 3　　　　B. 4　　　　C. 10　　　　D. 0

（7）循环结构 For I％＝ －1 to －17 Step －2 共执行_____次。
　　A. 5　　　　B. 6　　　　C. 8　　　　D. 9

（8）进度条（ProgressBar）控件用来显示事务处理的进度，_____属性用来获取或设置进度栏的当前位置。
　　A. Maximum　　B. Minimum　　C. Name　　D. Value

（9）下列循环体能正常结束的是_____。

　　A. i = 10
　　　Do
　　　　i = i + 1
　　　Loop Until i < 0

　　B. i = 10
　　　Do
　　　　i = i + 1
　　　Loop Until i > 0

　　C. i = 1
　　　Do
　　　　i = i + 2
　　　Loop Until i = 10

　　D. i = 10
　　　Do
　　　　i = i - 2
　　　Loop

（10）以下程序执行后，TextBox1.Text 结果为_____。

```
Dim a As Integer = 0, j As Integer
For j = 1 TO 20 Step 2
    a = a + j\5
Next j
TextBox1.Text = Str(A)
```

　　A. 12　　　　B. 16　　　　C. 40　　　　D. 100

（11）窗体上有一个名为 Button1 的命令按钮和一个标签框，然后编写如下事件过程：

```
Private Sub Button1_Click(...) Handles Button1.Click
    Dim num As Integer
    num = 1
    Do Until num > 6
```

```
        Label1.Text = num
        num = num + 2.4
    Loop
End Sub
```

程序运行后,单击命令按钮,则在标签框上显示的内容是_____。

A. 5.8　　　　B. 5　　　　C. 7　　　　D. 无数据

(12) 以下程序段运行后,TextBox1.Text 结果为_____。

```
Dim a, b, x As Integer
a = 1
b = a
Do Until a >= 5
    X = a * b
    TextBox1.Text &= a & " * " & b & " = " & x & Space(2)
    a = a + b
    b = b + a
Loop
```

A. 1 * 1＝1　 2 * 3＝6　　　　B. 1 * 1＝1　 2 * 2＝4
C. 1 * 1＝1　 3 * 3＝9　　　　D. 1 * 1＝1　 3 * 2＝6

(13) 在窗体上添加 3 个文本框,名称分别为 TextBox1、TextBox2、TextBox3,一个命令按钮。如果在 TextBox1 中输入 150,TextBox2 中输入数 200,则单击按钮执行下列程序后,TextBox3 中显示的数为_____。

```
Private Sub Button1_Click(...) Handles Button1.Click
    Dim m, n, t, r As Integer
    m = Val(TextBox1.Text)
    n = Val(TextBox2.Text)
    If m < n Then
            t = m: m = n: n = t
     End If
     Do
        r = m Mod n
        m = n
        n = r
     Loop While r <> 0
     TextBox3.Text = Str(m)
End Sub
```

A. 200　　　　B. 150　　　　C. 100　　　　D. 50

(14) 以下程序的执行后,TextBox1.Text 结果为_____。

```
Dim I, A As Integer
I = 4:A = 5
DO
I = I + 1:A = A + 2
```

```
Loop Until I > = 7
TextBox1.Text = "I = " & I & ",A = " & A
```

  A. I＝4，A＝5   B. I＝7，A＝13

  C. I＝8，A＝7   D. I＝7，A＝11

（15）以下程序段运行后，TextBox1.Text 结果为_____。

```
Dim a, y As Integer
a = 10 : y = 0
Do
    a = a + 2
    y = y + a
    If y > 20 Then
        Exit Do
    End If
Loop While a < = 14
TextBox1.Text = "a = " & a & " y = " & y
```

  A. a＝18 y＝24   B. a＝14 y＝26

  C. a＝14 y＝24   D. a＝12 y＝12

（16）程序运行后，单击命令按钮，如果输入 5，则结果输出_____。

```
Private Sub Button1_Click(...) Handles Button1.Click
    Dim x%,n%,i%,j%
    n = InputBox("")
    For i = 1 To n
        For j = 1 To i
            x = x + 1
        Next j
    Next i
    Msgbox(x)
End Sub
```

  A. 20   B. 6   C. 5   D. 15

（17）下面程序段运行后，Label1.Text 结果为_____。

```
Dim i, j As Integer
Label1.Text = ""
For i = 3 To 1 Step - 1
    Label1.Text & = Space(5 - i)
    For j = 1 To 2 * i - 1
        Label1.Text & = i
    Next j
    Label1.Text & = vbCrLf
Next i
```

  A. 3   B. 33333   C. 11111   D. 33333

    222   222   222   222

   11111   1   3   1

(18) 当在文本框 TextBox1 输入"1234" 4 个字符时, TextBox2 中显示是_____。

```
Sub TextBox1_TextChanged(...) Handles TextBox1.TextChanged
    TextBox2.Text &= TextBox1.Text
End Sub
```

A. 1234　　　B. 1　　　　　C. 1121231234　　D. 1
　　　　　　　　2　　　　　　　　　　　　　　　　12
　　　　　　　　3　　　　　　　　　　　　　　　　123
　　　　　　　　4　　　　　　　　　　　　　　　　1234

(19) 下列程序段不能分别正确显示 1!、2!、3!、4!、5! 的值的是_____。

A.
```
For i = 1 To 5
    n = 1
    For j = 1 To i
        n = n * j
    Next j
    MsgBox(n)
Next i
```

B.
```
For i = 1 To 5
    For j = 1 To i
        n = 1
        n = n * j
    Next j
    MsgBox(n)
Next i
```

C.
```
n = 1
j = 1
Do While j <= 5
    n = n * j
    MsgBox(n)
    j = j + 1
Loop
```

D.
```
n = 1
For j = 1 To 5
    n = n * j
    MsgBox(n)
Next j
```

2. 填空题

(1) 下列代码段的输出是_____。

```
Dim I As Integer = 5
Do
    TextBox1.Text &= I & " "
    I = I + 2
Loop Until I > 10
```

(2) 以下代码计算 11+21+31+…+91 的整数和,请将程序补充完整。

```
Dim i, sum as integer
sum = 0
i = 11
While i <= 100
    sum = sum + i
    _____
End while
```

(3) 要使下列 For 语句循环执行 20 次,循环变量的初值应当是_____。

```
For k = _____ To -5 Step -2
```

(4) 下面程序段显示_____个"*"。

```
Dim i, j As Integer
For i = 1 To 5
    For j = 2 To i
        TextBox1.Text &= " * "
    Next j
Next i
```

(5) 输入任意长度的字符串,要求将字符顺序倒置。例如,将输入的"ABCDEF"变换成"FEDCBA"。

```
Dim a$, I%, c$, d$, n%
a = InputBox("输入字符串:")
n =   ①  
d = ""
For I = 1 To   ②  
    c = Mid(a, I, 1)
    d =   ③  
Next I
MsgBox(d)
```

(6) 找出被5、7、9除,余数为1的最小的3个正整数。

```
Sub  Button1_Click(...) Handles Button1.Click
  Dim CountN%, n%
  Do
      n = n + 1
      If   ①   Then
          TextBox1.Text &= n & " "
          CountN =   ②  
      End If
  Loop While   ③  
End Sub
```

(7) 某次大奖赛,有10个评委打分,以下程序是针对一名参赛者,输入10个评委的打分分数,去掉一个最高分、一个最低分,求出平均分,为该参赛者的得分。

```
Sub  Button1_Click(...) Handles Button1.Click
    Dim mark!, aver!, max1!, min1!, i%
    For i = 1 To 10
        mark = InputBox("输入第" & i & "位评委的打分")
        If i = 1 Then
              ①  
            min1 = mark
        Else
            If mark < min1 Then
                  ②  
            ElseIf mark > max1 Then
                  ③  
            End If
```

```
        End If
        _____④_____
    Next i
    aver = _____⑤_____
    MsgBox(aver)
End Sub
```

(8) 运行下面程序,单击窗体后,Label1 的结果是_____。

```
Private Sub Form1_Click(...) Handles Me.Click
    Dim str1, str2, m As String
        Dim i, j As Integer
        For i = 1 To 3
            str1 = "xy" + Chr(65 + i)
            m = Mid(str1, i, 1)
            For j = 1 To i
                str2 = m & str2
            Next j
            Label1.Text = str2
        Next i
End Sub
```

实验 5　数组

一、实验目的

(1) 掌握(一维、多维)数组的声明。
(2) 掌握数组元素的引用、初始化、重定义数组大小。
(3) 掌握数组的基本操作。
(4) 应用数组解决同类数据或记录的算法设计。
(5) 掌握列表框和组合框的使用。
(6) 掌握自定义类型及数组的使用。

二、实验预备知识

1. 数组的概念

数组是用于存放一批相同类型的、有序的数据的集合。数组与变量一样,必须先声明后才能使用。除非需要在模块中所有程序代码的最前面加语句 Option Explicit Off(不建议初学者这么做)。

2. 数组声明

形式:

Dim 数组名(上界1[,上界2[,...]]) [As 类型]

说明：用于声明数组，指明数组名、类型、维数和大小等，其中[As 类型]默认为 Object 类型；数组名后的括号内指明 1 个上界则为 1 维数组，指明多个上界则为多维数组。VB. Net 中，下界为 0，上界既可以是常数，也可以是有具体值的变量或表达式。对初学者，最好在数组声明时指定具体上界。

3. 数据元素的引用

数据元素的引用，是指数组声明后分配的存储区中，针对某一个元素进行操作（包括修改或使用它的值）。

形式：

数组名(下标 1[,下标 2[,…]])

说明：下标的值不能超界，其值是 0 和上界之间的整数或整数表达式。

4. 重定义数组的大小

对于已声明的数组可通过 ReDim 语句改变大小。
形式：

ReDim 数组名(上界 1[,上界 2[,…]])

说明：
（1）ReDim 语句是可执行语句，只能出现在过程中。
（2）ReDim 语句不能改变数组的维数，也不能改变数组的类型。
（3）每次使用 ReDim 语句都会使原来数组的值丢失，可以在 ReDim 保留字后加 Preserve 参数，表示在改变原有数组大小时，保持数组中原有的数据。

5. 数组的初始化

在声明数组的同时给数组赋初值。
形式：

Dim 数组名( ) As 类型 = {常数列表}
Dim 数组名(,) As 类型 = {{第 1 行常数列表},……,{第 m 行常数列表}}

说明：
（1）对数组初始化，不能声明数组的下标上界，系统会根据所赋值的个数和维数来决定数组的下标上界，否则编译出错。
（2）编程时可通过函数 UBound 来确定数组的下标上界。形式如下：

UBound(数组名[,第 n 维])

6. 数组的基本操作

1）数组的输入
一般利用控件或 InputBox 函数对数组元素逐一输入，如数组 x(3,4)输入

```
For i = 0 to 3                                              '行控制
    For j = 0 to 4                                          '列控制
        x(i,j) = InputBox("输入" & i & "," & j & "元素的值")    '括号内的是提示信息
    Next j
Next i
```

2）数组的输出

一般显示在控件中如 TextBox、Label，如数组 x(3,4)输出

```
For i = 0 to 3                                              '行控制
    For j = 0 to 4                                          '列控制
        Label.Text &= x(i,j) & space(4)                     'space(4)输出 4 空格，元素间分割
    Next j
    Label.Text &= vbCrLf                                    '换行
Next i
```

3）数组的最大（小）元素及下标、求和、求平均值

遍历数组的每个元素，求最大（小）值就是比较两个数，记录最大（小）值；求和就是把每个元素相加；求平均值就是总和除以元素个数，以一维数组 x 为例，流程如图 1.5.1 所示。

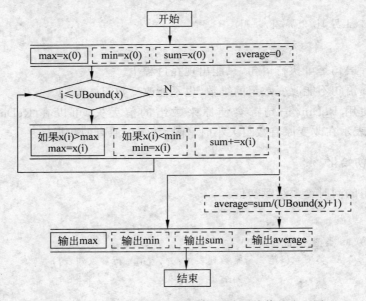

图 1.5.1　数组的最大（小）元素、和或平均值的流程图

4）数组插入、删除、排序和查找

数组插入：先确定需要插入的位置，数组长度增加一个，再将插入位置后的数据向后移动一个位置，腾出插入数的位置。

数组删除：先确定需要删除的元素位置，将其后的数据向前移动一个位置，再减少数组长度。

数组排序：按递增或递减的次序排列，有选择法、冒泡法等。

数组查找：基本的方法是将目标数逐个与数组元素比较，相等则记录该位置；比较到数组末尾，则表示找不到。对于有序数组，比较时可根据实际情况提早结束。

7. 列表框和组合框

1) 列表框 ListBox

列表框 ListBox 是一个显示多个项目的列表控件,便于用户选择一个或多个项目,但不能直接修改其中的内容,必须通过编程实现。

2) 组合框 ComboBox

组合框 ComboBox 相当于文本框和列表框的组合形式,允许用户直接在文本框中输入内容,再通过 Add 方法将内容添加到列表框。

列表框和组合框对象的属性、事件和方法如表 1.5.1 所示。

表 1.5.1 列表框和组合框对象

对象	属性	事件	方法
列表框 ListBox	Items、SelectedIndex、Count、Text/SelectedItem、Sorted	Click、DoubleClick、SelectedIndexChange	Items.Add/Insert/Remove/RemoveAt/Clear
组合框 ComboBox	同上、DropDownStyle	Click、KeyPress	同上

注意组合框可通过 DropDownStyle 属性设置 3 种不同的组合框风格。

8. 结构类型

结构类型和数组一样属于复合数据类型,不同之处在于:数组是一组相同性质数据的集合,而结构类型中的成员可以是不同的数据类型(包括基本类型和复合数据类型)。

(1) 定义形式:

```
Structure 结构类型名
    成员名声明
End Structure
```

注意:结构类型是定义的一种新的数据结构,不是变量,不能在过程内部定义。

(2) 定义完类型后,就可以用该类型数据声明变量,形式如下:

```
Dim 变量名 As 结构类型名
```

(3) 结构变量成员的引用,基本形式如下:

```
结构类型变量名.成员名
```

可利用 With 语句进行简化。

(4) 结构数组:数组中的每个元素都是结构类型。

(5) 控件数组:数组中的每个元素都是控件,对每个元素进行实例化后再使用。

三、实验内容

1. 容易题

(1) 定义含有 5 个元素的数组,并初始化为{4,5,3,6,1},最后在 Label1 中输出。效果图如图 1.5.2 所示。

```
Private Sub Form1_Load(ByVal sender As System.Object, ByVal e As _
System.EventArgs) Handles MyBase.Load
        ①
    Dim i As Integer
        ②
    For i = 0 To     ③
        Label1.Text &= Space(4) &     ④
    Next
End Sub
```

（2）随机产生 2 个数组（数值范围 20～40 的整数、各数组含 10 个元素），对应值相减后输出结果。效果图如图 1.5.3 所示。

提示：用 rnd()函数生成整数，并对数组元素赋值。相减运算的结果可以声明一个数组存放，也可以在输出时进行相减运算。

图 1.5.2 数组输出界面   图 1.5.3 数组相减的界面

（3）将 n（如 100）以内的素数存放到一个数组中，显示结果如图 1.5.4 所示。

提示：对整数是否为素数的算法见理论教材。对 m 以内的整数判断是否为素数，可分解为：用循环变量 n＝3 to m，然后在循环体内对 n 判断是否为素数。如果 n 是素数，则写入数组。此时数组的大小是未知的，因此，在判断 n 是素数后，应该用 ReDim 重定义数组大小增加一，再将 n 写入数组下标最高的位置中。

图 1.5.4 素数打印界面

```
Private Sub TextBox1_KeyPress(ByVal sender As Object, ByVal e As _
System.Windows.Forms.KeyPressEventArgs) Handles TextBox1.KeyPress
    Dim i, n, m As Integer, Tag As Boolean
    Dim x() = {0}
    If     ①     Then
      If Not     ②     Then
        TextBox1.Text = ""
        TextBox1.Focus()
      Else
        m =     ③
        For n = 3 To m
            ④
          For i = 2 To n - 1
            If (n Mod i) = 0 Then Tag = False
```

```
                Next
            If Tag Then
                If x(0) = 0 Then
                    x(0) = n
                Else
                         ⑤
                    x(UBound(x)) = n
                End If
            End If
        Next
    End If
    Label3.Text = ""
    If x(0) = 0 Then
                ⑥
    Else
        For i = 0 To UBound(x)
            Label3.Text &= Space(5 - Len(Str(x(i)))) & Str(x(i))
            If (    ⑦    ) Then Label3.Text &= vbCrLf
        Next
    End If
End Sub
```

(4) 修改题目(3)中的输出结果显示,放入如图 1.5.5 所示的列表框中。

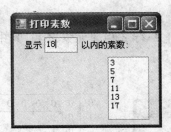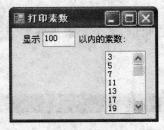

图 1.5.5 素数打印采用列表框的界面

提示:在添加项目方法 Items.Add 前应该先使用 Items.Clear 把列表框内容清除,关键代码如下:

```
⋮
ListBox1.Items.Clear()
For i = 0 To UBound(x)
    ListBox1.Items.Add(x(i))
Next
⋮
```

(5) 比赛中,每个选手有 10 个评委打分,求选手的平均得分(去掉一个最高分和一个最低分),如图 1.5.6 所示(其中输入的分数为:6,7,8,5.6,8,9.6,7.6,6.5,7,6.8)。

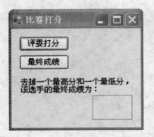
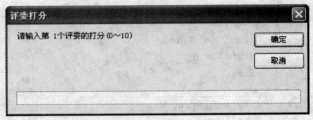

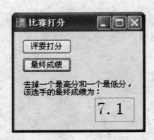

图 1.5.6　比赛评分运行的界面

提示：将 10 个分值输入到数组，然后查找数组最大值和最小值，最后在和数 sum 中减去最大值和最小值，得到平均值为和数 sum/8。

（6）输入整数 n，按 Enter 键后显示具有 n 行的杨辉三角形。图 1.5.7 显示了 $n=10$ 的效果。

提示：

① 定义一个二维数组，大小由界面输入确定。

② 观察杨辉三角形，某个元素正好等于上一行 2 相邻元素之和，其中规律如图 1.5.8 所示。

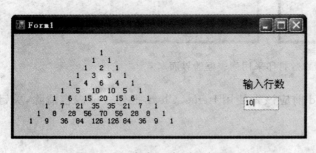
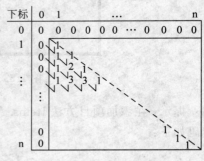

图 1.5.7　杨辉三角形运行界面　　　　　图 1.5.8　杨辉三角形

（7）设计一个简单的四则运算和计算机进行评判的程序。要求：用户先输入两个运算数、选择运算符，最后再输入计算结果，按 Enter 键后由计算机进行评判，正确则显示相应信息；错误则显示错误并给出正确结果，如图 1.5.9 所示。

提示：根据组合列表框中运算符号不同，进行不同的运算，用 Select Case 语句实现。

最后将 Select Case 块的结果与实际计算结果比较，并显示。

图 1.5.9 四则运算运行界面

2. 中等题

(1) 声明一个二维数组,并对其赋初值如下 **A** 矩阵,用下三角显示 **A** 矩阵、显示转置矩阵 **A'**,并求其对角线(主对角线和反斜对角线)元素和。运行结果如图 1.5.10 所示。

$$A = \begin{pmatrix} 1 & 5 & 0 & 12 \\ 25 & 3 & 8 & 10 \\ 6 & 9 & 11 & 3 \\ 7 & 15 & 24 & 5 \end{pmatrix}$$

提示:

① 二维数组的输出,以下标作为行列控制。假设用变量 i 作行控制,变量 j 作列控制,此时,下三角显示(i=0 to 3,j=0 to i);显示转置则将 i 与 j 对调即可。

② 对角线上的元素,其下标的规律为:i=j 或 i+j=3。

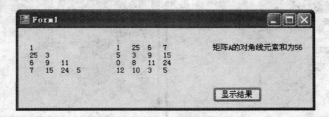

图 1.5.10 矩阵操作运行界面

(2) 随机产生 6 个 2 位数,显示该 6 个数;按大到小递减的次序排列,并将排列结果显示。请分别用选择排序法、冒泡排序法、改进的冒泡排序法完成,如图 1.5.11 所示。

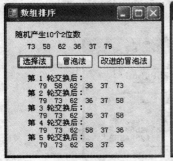  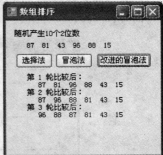

图 1.5.11 数组排序运行界面

(3) 随机产生 6×6 矩阵 A，其元素为 1 位数，求矩阵 A 中各行元素之和，并将和放入列表框的相应行中，如图 1.5.12 所示。

提示：随机生成个位数，放入数组 A(5,5)中，然后求各行元素的平方和，最后用 listbox1.iterms.add 方法将该数添加到列表框中，注意显示的时候行对齐。

(4) 编写一个课程选择程序。程序的运行界面如图 1.5.13 所示。当程序加载时，在 ListBox1 列表框中显示所有的课程列表，用户可以从中选择一门或多门课程（此时 ListBox1 的 SelectionMode 属性应设置为 MultiSimple 或 MultiExtended）。用户选择了课程后，单击">"按钮将把选中的课程移动到 ListBox2 列表框中。如果用户单击">>"按钮，则把所有的课程移到 ListBox2 列表框中。选择时可能由于误操作选了不想要的课程，此时可在 ListBox2 列表框中选中相应的课程名，然后单击"<"按钮把选中的课程再移回到 ListBox1 列表框中。如果用户不想选任何课程，可单击"<<"按钮把所有选择的课程再移回到 ListBox1 中。

图 1.5.12 矩阵与列表框运行界面

提示：① 将课程名添加到另一侧列表框的同时，应该删除本列表框中的课程名。
② 多选项操作，应该对列表框中的 SelectionMode 进行设置。

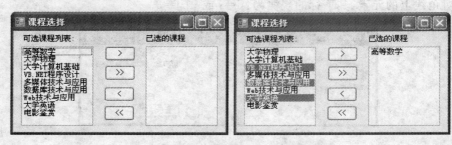

图 1.5.13 "课程选择"程序运行界面

3. 难题

(1) 编写抽奖软件：一组数据存储有 10 个电话号码，随机显示于 label1 中，设计界面和运行界面如图 1.5.14 所示。

图 1.5.14 抽奖软件设计及运行界面

提示：

① 初始化数组 10 个电话，如

{"13523652585", "13612584568", "13525261478", "13725632879", "13402567852", "13332564752", "13236364547", "13926242538", "13845257814", "13025247458"}

② "开始"按钮打开定时器 timer，其 tick 事件要完成的任务为：随机产生 0～9 的数作为数组下标，然后将对应的电话号码显示在 label 中。

③ "停止"按钮停止定时器 timer，并将此时的电话号码作为中奖号码显示。

④ 抽奖过程还得考虑抽奖的次数和电话号码不能重复的问题。

（2）设计一个软件，可进行学生成绩的输入及显示，并可进行某种方式的排序，可以进行各种统计（科目平均、学生平均）等。运行结果如图 1.5.15 所示。

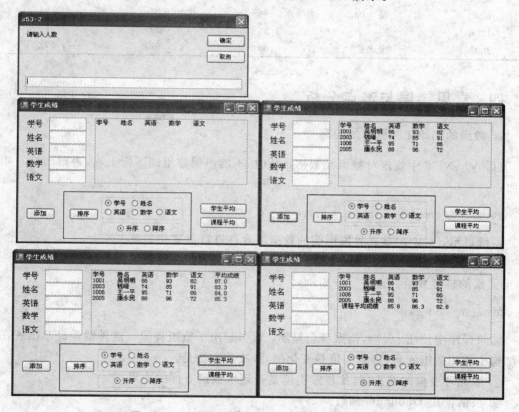

图 1.5.15　学生成绩录入及统计软件的运行界面

提示：

① 先定义一个结构类型如下，并定义存放数组 a：

```
Structure sCourse
    Dim No As String
    Dim Name As String
    Dim English As Long
    Dim Mathematic As Long
```

```
    Dim Literature As Long
End Structure
Dim a() As sCourse
```

② 根据 inputbox 对话框输入人数 n，重定义数组 ReDim a(n)，为保存原始的数据，应该再定义一个副本数组 b，后面的排序对 b 进行操作即可。

③ 注意求平均的方式。

④ 原始输入数据如表 1.5.2 所示，运行界面如图 1.5.15 所示。

表 1.5.2　原始数据

学号	姓名	英语	数学	语文
1001	吴明明	86	93	82
2003	钱　峰	74	85	91
1006	王一平	95	71	86
2005	康永民	88	96	72

四、常见错误与难点分析

1. 数组的初始化和引用的问题

(1) Vb.NET 中规定对数组元素初始化时，不能声明数组的下标上界，否则出错。如下声明：

```
Dim a(5) As Integer = {1,3,5,7,9,11}
```

系统显示：对于用显式界限声明的数组不允许进行显式初始化。

(2) 引用数组时，要求注意不要越界，即不要引用不存在的数组元素。例如声明了一个 11 个元素的整型数组：

```
Dim a(10) As Integer
```

如果程序中使用 a(11)，则系统会显示：索引超出了数组界限。这种错误经常出现在循环结构中使用数组元素，其索引值是变化的，解决的方法是：

① 取循环变量的起止值，比较索引值是否超出数组下标的边界。

② 灵活使用 Ubound() 函数。

(3) 利用 ReDim 语句改变数组大小的时候，与参数 Preserve 合理搭配，不加 Preserve 参数，原先存储在数组中的数据将不作保留。

(4) 注意定义数组时的下标上界和引用中的数组下标的含义不同：前者用来指明定义数组的大小，后者是指数组中的哪个元素。

(5) 当 2 个数组的大小和元素类型都相同时，可使用整体赋值，否则必须指明哪个元素，即数组名后括号内必须有下标。

```
Dim a( ) as Integer = {1,2,3,4}: Dim b(3) as Integer
b = a
```

2. 数组的排序

在编写数组排序程序的时候应注意以下几个关键问题：
① 排序的次序："从小到大"，还是"从大到小"。
② 循环控制变量的起止值及结束条件，比如采用"冒泡法"进行"从大到小"的排序，可采用两种方法：从前往后比较，将较大元素向前"冒泡"，从而将最小元素的"沉"到最后；或者，从后往前比较，将较小元素向后"冒泡"，从而将最大元素"浮"到最前。

3. 列表框和组合框的 Text、SelectedItem 和 SelectedIndex 属性

Text 和 SelectedItem 属性只能表示选中的项目内容，对他们进行赋值并不会改变列表框或组合框中的项目内容，相当于"只读属性"；而 SelectedIndex 则表示选中项目的下标，可通过以下语句改变项目中的原内容：

```
ListBox1.Items(ListBox1.SelectedIndex) = 新值
ComboBox1.Items(ComboBox1.SelectedIndex) = 新值
```

五、习题

1. 选择题

(1) 如下数组声明语句中正确的是_____。
  A. Dim a[3,4] As Integer   B. Dim a(3,4) As Integer
  C. Dim a{3,4} As Integer   C. Dim a(3 4) As Integer

(2) 下列语句定义的数组占_____个字节。

```
Dim a(9) AS Integer
```

  A. 10   B. 9   C. 20   D. 40

(3) 如下数组申明语句，_____是正确的。
  A. Dim a(5) As Single={1,2,3,4,5,6}
  B. Dim a() As Single={1,2,3,4,5,6,7,8}
  C. Dim a() = {1,"2",3,"4",5,6,7,8}
  D. Dim a(,) As Single={1,2,3,4,5,6,7,8}

(4) 对于正在使用的数组 x(n)，既要增加 2 个数组元素，又要保留原来数组中的值，以下语句正确的是_____。
  A. Dim x(n+2)   B. ReDim x(n+2)
  C. ReDim Preserve x(n+2)   D. Dim Preserve x(n+2)

(5) 如下程序输出的结果是_____。

```
Dim a() As Integer = {1,2,3,4,5,6,7}
For i = 0 To UBound(a)
   a(i)a = a(i) * a(i)
Next i
```

```
MsgBox(a(i))
```
  A. 49   B. 0   C. 不确定   D. 程序出错

(6) 组合框的3种不同风格：下拉组合框、简单组合框和下拉列表框由_____属性决定。
  A. Style   B. BorderStyle   C. DropDownStyle   D. DrawStyle

(7) 向列表框中添加一个新项目，正确的语句是_____。
  A. ListBox1.Items.Add("How are You?")
  B. ListBox1.Items.Insert("How are You?")
  C. ListBox1.Add(2,"How are You?")
  D. ListBox1.Insert(2,"How are You?")

(8) 以下程序运行后，TextBox1中显示的文本是_____。

```
Dim a(3,3),m,n AS Integer
For m = 1 To 3
    For n = 1 To 3
    a(m,n) = (m - 1) * 3 + n
    Next n
Next m
TextBox1.Text = ""
For m = 2 To 3
    For n = 1 To 2
    TextBox1.Text = TextBox1.Text + Str(a(n,m)) + " "
    Next n
Next m
```

  A. 2 5 3 6   B. 4 7 5 8   C. 2 3 5 6   D. 4 5 7 8

(9) 以下程序的执行后，TextBox1.Text 结果为_____。

```
Dim n As Integer
Dim a(,) As String = {{"a1", "a2", "a3"}, {"b1", "b2", "b3"}}
TextBox1.Text = ""
For n = 1 To 2
    TextBox1.Text = TextBox1.Text + a(1, n)
Next n
```

  A. b1b2   B. b2b3   C. This a2a3   D. a1a2

2. 填空题

(1) 测试数组下标上界的函数是_____。

(2) 此段程序的功能是求数组a的最小元素值，并把最小值放在文本框中。

```
_____①_____
For i = 1 To _____②_____
If Min < a(i) Then   Min = a(i)
Next i
```

TextBox1.Text = Min

（3）用冒泡排序法实现 6 个数从大到小的排列。

Private Sub Button1_Click(...) Handles Button1.Click
Dim a() As Integer = {8, 6, 9, 3, 2, 7}, i%, j%, k%, t%, n%
    _____①_____
Label1.Text = ""
For i = 1 To n
  For _____②_____ Step -1
    If _____③_____ Then t = a(j) : a(j) = a(j-1) : a(j-1) = t
  Next j
Next i
For k = 0 To n
    Label1.Text &= a(k) & Space(4 - Len(Trim(a(k))))
Next k
End Sub

（4）编一个程序，生成 10 个两位随机数，存入到一维数组，再按反序存放后输出。程序运行如图 1.5.16 所示，单击"生成一维数组"按钮将产生一个由 10 个 100 以内的随机整数组成的数组，并显示在第一个文本框中。单击"反序存放"按钮将把数组中的元素反序存放并显示在第二个文本框中。

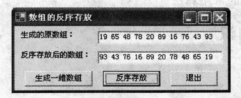

图 1.5.16 数组反序存放的运行界面

Const N = 10
    _____①_____
Private Sub Button1_Click(ByVal sender As System.Object, ByVal e _
As System.EventArgs) Handles Button1.Click
    Dim i As Integer
    Randomize()
    TextBox1.Text = ""
    For i = 0 To N - 1
        Arr(i) = Int(Rnd() * (99 - 10 + 1) + 10)
        _____②_____
    Next i
End Sub
Private Sub Button2_Click(ByVal sender As System.Object, ByVal e _
As System.EventArgs) Handles Button2.Click
    Dim P1, P2, t, i As Integer
    P1 = 0 : P2 = N - 1
    While _____③_____

```
            t = Arr(P1) : Arr(P1) = Arr(P2) : Arr(P2) = t
            P1 += 1 : P2 -= 1
        End While
        TextBox2.Text = ""
        For i = 0 To N - 1
_____④_____
        Next i
    End Sub
```

实验 6 过程

一、实验目的

(1) 掌握自定义函数过程和子过程定义和调用方法。
(2) 掌握形参和实参的对应关系。
(3) 掌握值传递和地址传递的传递方式。
(4) 掌握变量、函数和过程的作用域。
(5) 掌握递归概念和使用方法。
(6) 熟悉程序设计中的常用算法。

二、实验预备知识

1. 函数过程

1) 函数过程的定义

在窗体、模块或类等模块的代码窗口中把插入点放在所有现有过程之外,直接输入函数过程。

自定义函数过程的形式如下:

```
[Public | Private]   Function 函数过程名([形参列表]) [As 类型]
    局部变量或常数定义                      ⎫
    语句块                                  ⎬ 函数过程体
    Return   表达式 或 函数名 = 表达式      ⎭
End Function
```

其中:

(1) Public 表示函数过程是全局的、公有的,可在程序的任何模块调用它;Private 表示函数是局部的、私有的,仅供本模块中其他过程调用。默认时表示全局。

(2) As 类型指明了函数返回值的类型。

(3) 形参列表指明了参数类型和个数。其中每个参数的形式为:

```
[ByVal | ByRef]   形参名[( )] [As 类型]
```

形式参数简称形参或哑元,只能是变量或数组名(这是要加"( )",表示是数组),用于在调用该函数时的数据传递;若无参数,形参两旁的括号不能省。

形参名前的[ByVal | ByRef]是可选的,默认为ByVal,表示形参是值传递;如果加ByRef关键字,则表示形参是地址传递。

特点:函数过程名有值、有类型,在过程体内至少被赋值一次。

2) 函数过程的调用

调用形式:

函数过程名([实参列表])

实际参数简称实参,是传递给过程的变量或表达式。

特点:不是一条独立的语句,不能独立存在,必须参加表达式的运算。

2. 子过程

1) 子过程的定义

子过程定义的方法同函数过程,形式如下:

```
[Public | Private]    Sub 子过程名([形参列表])
        局部变量或常数定义
        语句块                        }过程体
        End Sub
```

其中:子过程名、形参同函数过程中对应的规定,当无形参时,括号不能省略。

特点:子过程名无值、无类型。

2) 子过程的调用

调用形式:

Call 子过程名([实参表])

或

子过程名([实参表])

特点:是一条独立的语句。

3. 参数传递

1) 形参和实参

形参是定义过程时的一种形式虚设的参数,只代表该过程参数的个数、类型、位置。形参的名字并不重要,也没有任何值,只表示在过程体内进行某种运算或处理。

实参是调用子过程时提供给过程形参的初始值或通过过程体处理后所获得的结果。

调用时用实参代替形参,实参与形参在个数、位置、类型上一一对应,但是实参名与形参名相同与否无关。

2) 传值与传地址

(1) 传值方式。

传值方式是形参前加ByVal关键字(可省),是将实参的具体值传递给形参,形参与实参分配不同的内存单元。这种传递方式是一种单向的数据传递,即调用时只能由实参将值传递给形参;调用结束不能由形参将操作结果返回给实参。因此在过程体内对形参的任何操作不会影响到实参。

形参只能是变量、数组名等,而不能是常量、表达式或数组元素。实参可以是与形参同类型的变量、数组名、常量、表达式或数组元素等。

(2) 传地址方式。

传地址方式是形参前加 ByRef 关键字,是将实参在内存中的地址传递给形参,也就是实参、形参公用内存内的"地址"。这种传递方式是一种双向的数据传递,即调用时实参将值传递给形参;调用结束时由形参将操作结果返回给实参。

形参只能是变量、数组名等,而不能是常量、表达式或数组元素。实参可以是与形参同类型的变量、数组名、常量、表达式或数组元素等。当实参要得到返回结果时,实参不能是常量、表达式。

3) 传递方式的选择

主要考虑的因素是:若要从过程调用中通过形参返回结果,则要用传地址方式;否则应使用传值方式,减少过程间的相互关联,便于程序的调试。数组、结构类型变量、对象变量只能用传地址方式。

注意:

(1) 形参是数组,则以数组名和后面的圆括号表示,无须给出维数的上界。若是多维数组,每一维以逗号分隔。在过程中通过 Ubound 函数来确定每一维的上界。

(2) 在 VB.NET 中,实参是数组,只要给出数组明即可,后面不需要加圆括号。

(3) 当数组作为参数传递时,无论参数前是 ByVal 还是 ByRef,都以传地址方式进行处理。

4. 变量的作用域

变量的作用域分为块级变量、过程级变量、模块级变量和全局变量。

1) 块级变量

在 If、Select、For、Do 等块结构语句中声明的变量,仅在该块结构中有效。

2) 过程级变量

又称局部变量,在过程中用 Dim 声明,在该过程调用时分配内存空间并初始化。一旦过程调用结束,立即回收分配的空间。

3) 模块级变量

在 VB.NET 中,窗体类(Form)、类(Class)、模块(Module)都成为模块,模块级变量在过程外用 Dim 或 Private 声明,在该模块或窗体内有效。

4) 全局变量

在模块级用 Public 声明的变量,可被应用程序的任何过程或函数访问。

变量的作用域和使用规则如表 1.6.1 所示。

表 1.6.1 变量的作用域

作 用 范 围	块级变量	过程级变量	模块级变量	全局变量
声明方式	Dim	Dim,Static	Dim,Private	Public
声明位置	在块结构语句中	在过程中	过程外	模块文件
能否被本过程的其他语句块存取	不能	能	能	能
能否被本模块的其他过程存取	不能	不能	能	能
能否被其他模块存取	不能	不能	不能	能

5）静态变量

过程变量用 Static 声明，在程序运行的过程中始终保值。

三、实验内容

1. 容易题

（1）编写一个求两数最大公约数的子过程 proc(Byval a％, Byval b％, Byref s％)，主调程序分别在两个文本框中输入数据，单击"显示"按钮，调用该子过程，在右边的文本框中显示结果，程序运行如图 1.6.1 所示。

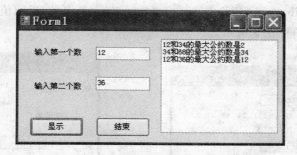

图 1.6.1 子过程计算最大公约数运行界面

"显示"按钮的 CLICK 事件代码参考如下，子过程请自己编写。

```
Private Sub Button1_Click(...) Handles Button1.Click
    Dim x%, y%, z%
    x = TextBox1.Text
    y = TextBox2.Text
    Call proc(x, y, z)
    TextBox3.Text &= x & "和" & y & "的最大公约数是" & z & vbCrLf
End Sub

Sub proc(ByVal a%, ByVal b%, ByRef s%)
    '请编写过程
End Sub
```

（2）编写一个函数过程 judge(ByVal x％)，输入一个正整数，当该整数为偶数的时候单击"判断"按钮在窗体中输出 True，当该整数为奇数的时候输出 False，单击"清空"按钮时清除文本框1和文本框2中的内容,并让文本框1获得焦点,如图1.6.2所示。

2. 中等题

(1) 编写一求阶乘的函数 $f(n)$,输入 N 的值(N 为加数的个数),并调用该函数过程求 $S=1!+2!+3!+4!+5!+\cdots\cdots$ 的值。该程序界面如图1.6.3所示。

 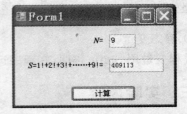

图1.6.2 函数过程判断正整数奇偶性运行界面　　　图1.6.3 求阶乘和运行界面

(2) 编写子过程 ProcMax(ByRef s( ) As Integer, ByRef maxs%)求数组的最大值。Button1 随机产生 10 个 1～99 的正整数并显示数组各元素, Button2 调用子过程求数组的最大值,如图1.6.4所示。

(3) 编写函数 prime(m)判断 m 是否为素数。若 m 是素数,返回值为"*是素数",否则为"*不是素数",如图1.6.5所示。

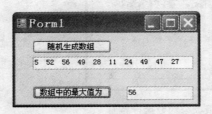 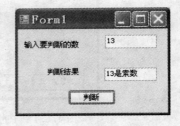

图1.6.4 求数组最大值运行界面　　　图1.6.5 求是否素数运行界面

(4) 下面程序是采用不同的参数传递方式调用子过程。
有两个 Sub 子过程:

```
Sub proc(ByVal s As String)
    s = s & InputBox("请输入你的姓名:")
    Label1.Text &= "过程调用时,变量s的值为:" & s & vbCrLf
End Sub
```

和

```
Sub proc1(ByRef s1 As String)
    s1 = s1 & InputBox("请输入你的姓名:")
    Label1.Text &= "过程调用时,变量s1的值为:" & s1 & vbCrLf
End Sub
```

在窗体上画两个命令按钮,程序运行后,先单击"传值"按钮,再单击"传地址"按钮,结果如图 1.6.6 所示。请完成下面两个事件过程。

```
Private Sub Button1_Click(...) Handles Button1.Click

'请完成编码

End Sub
Private Sub Button2_Click(...) Handles Button2.Click

'请完成编码

End Sub
```

3. 难题

验证哥德巴赫猜想：任意一个大于 2 的偶数都可以表示成两个素数之和。编程，将 6～100 之间的全部偶数表示为两个素数之和，结果在列表框显示，最后 Label1 显示共有**多少对素数之和**，如图 1.6.7 所示。

图 1.6.6　参数传递运行界面

图 1.6.7　验证哥德巴赫猜想运行界面

提示：
① 编写一个求素数的函数 Prime(m)，仿照中等题第(3)题编写。
② 对已知 6～100 之间全部偶数 x，分解成两个奇数 Odd1 和 Odd2（即 x-Odd1），**先判断** Odd1 是否是素数，若不是素数，则不必再对 Odd2 判断；否则再判断 Odd2，若都是**素数**，则添加到列表框中。利用两重循环来实现，外循环变量 x(6～100 的偶数)，内循环将 Odd1(3～x/2)之间的奇数和 Odd2(x-Odd1)进行判断。

四、常见错误与难点分析

1. 子过程与函数过程的异同点

1）相同点
函数过程和子过程都是功能相对独立的一种子程序结构，它们有各自的过程头、**变量声**

明和过程体。在程序中使用它们不但可以避免书写重复的程序语句,缩短代码总长度,而且使程序条理清晰,容易阅读。

2) 不同点

(1) 过程声明的关键字不同,子过程用 Sub,函数过程用 Function。

(2) 子过程名无值就无类型声明,函数过程名有值就有类型声明。

(3) 函数过程名兼作结果变量,因此在函数过程体内至少对函数过程名赋值,而子过程名在过程体内则不能赋值。

(4) 调用方式不同。子过程是一条独立的语句,可用 Call 子过程名或省略 Call,直接以子过程名调用;函数过程不是一条独立的语句,而是一个函数值,一般参与表达式的运算。

(5) 一般来说,一个函数过程可以被一个子过程代替。在代替时只要改变函数过程定义的形式,并在子过程的形参表中增加一个地址传递的形参来传递结果即可。

2. 参数传递方式的选择

(1) 在定义形式上,值传递在形参前面加 ByVal 关键字,这是 VB.NET 的默认方式;地址传递形参前要加 ByRef 关键字。

(2) 在作用上,值传递只能从外界向过程传入初值,但是不能将结果传出,而地址传递方式则既可传入又可传出。

(3) 如果实参是数组、对象变量等,形参是地址传递(即使加了 ByVal,效果还是地址传递)。

五、习题

1. 选择题

(1) 下面过程语句说明最合理的是_____。
    A. Sub f1%(ByVal n%())   B. Sub f1(ByRef n%) As Integer
    C. Function f1%(ByRef f1%)   D. Function f1%(ByVal n%)

(2) 在过程中定义的变量,若希望在离开该过程后,还能保存过程中局部变量的值,则应使用_____关键字在过程中定义过程级变量。
    A. Dim   B. Private   C. Public   D. Static

(3) 下面程序段运行后,显示的结果是_____。

```
Public Sub F1(ByRef n%, ByVal m%)
    n = n Mod 10
    m = m \ 10
End Sub
```

```
Sub Button1_Click(...) Handles Button1.Click
    Dim x%, y%
    x = 12: y = 34
    Call F1(x, y)
    MsgBox(x &" " & y)
End Sub
```

    A. 2 34   B. 12 34   C. 2 3   D. 12 3

(4) 下面的程序运行结果是_____。

```
Sub Button1_Click(...) Handles Button1.Click
    MsgBox(P1(3.0,7))
End Sub
Public Function p1!(ByVal x!, ByVal n%)
    If n = 0 Then
        P1 = 1
    Else
        If n Mod 2 = 1 Then
            P1 = x * P1(x,n\2)
        Else
            P1 = P1(x,n\2)\x
        End If
    End If
End Function
```

  A. 18   B. 7   C. 14   D. 27

(5) 设有如下说明：

```
Public Sub F1(ByRef n%)
    ⋮
    N = 3 * n + 4
    ⋮
End Sub
Sub Button1_Click(...) Handles Button.Click
    Dim n%, m%
        n = 3
        m = 4
    ⋮
                    '调用 F1 语句
    ⋮
End Sub
```

则在 Button1_Click 事件中有效的能完成地址传递的调用语句是_____。

  A. F1(n+m) B. F1(m) C. F1(5)   D. F1(m,n)

(6) 要想从子过程调用后返回两个结果,下面子过程语句说明合法的是_____。

  A. Sub f2(ByVal n%, ByVal m%) B. Sub f1(ByRef n%, ByVal m%)
  C. Sub f1(ByRef n%, ByRef m%) D. Sub f1(ByVal n%, ByRef m%)

(7) 下面程序的运行结果是_____。

```
Sub proc(ByVal a%())
    Static i%
    Do
        a(i) = a(i) + a(i + 1)
        i = i + 1
    Loop While i < 2
```

```
            End Sub
Private Sub Button1_Click(ByVal sender As System.Object, ByVal e As System.EventArgs) Handles Button1.Click
            Dim m%, i%, x%(10)
            For i = 0 To 4 : x(i) = i + 1 : Next i
            For i = 1 To 2 : Call proc(x) : Next i
            For i = 0 To 4 : Label1.Text &= x(i) & " " : Next i
        End Sub
```

    A. 3 4 5 6 7   B. 3 5 7 4 5   C. 2 3 4 4 5   D. 4 5 6 7 8

(8) 已知数组 a(0 to 10) As Integer，下面调用 GetValue 函数正确的是_____。

```
Function GetValue(a() As Integer) As Integer
    For i = 0 To 10
        GetValue = GetValue + a(i)
    Next i
End Function
```

    A. S＝GetValue(a(0 To 10))   B. S＝GetValue(a)
    C. S＝GetValue(a(10))   D. S＝GetValue a

2. 填空题

(1) 当形参是数组时，在过程体内对该数组执行操作时，为了确立数组的上界，应用_____函数。

(2) VB 中的变量按其作用域可分为全局变量、_____变量、过程级变量和块级变量。

(3) 子过程 Count 用来统计字符串中出现数字字符("0"～"9")的个数。主程序在文本框 1 中输入字符串，单击"统计"按钮时调用该子过程，在标签 1 中显示结果。程序运行界面如图 1.6.8 所示。

图 1.6.8 统计字符串中数字字符个数运行界面

```
Public Class Form1
    Sub count(ByRef num%, ByVal s$)
        Dim c As Char, i%, m%
        num = 0
        m = Len(s)
        For i = 1 To m
            c = ____①____
            If c >= "0" And c <= "9" Then
                ____②____
            End If
        Next i
    End Sub
    Private Sub Button1_Click(...) Handles Button1.Click
        Dim n%
        Call count(n, TextBox1.Text)
```

```
            ③
    End Sub
End Class
```

实验7 用户界面设计

一、实验目的

(1) 掌握菜单设计,包括下拉式菜单和弹出式菜单。
(2) 学会通用对话框的使用和编程方法。
(3) 掌握自定义对话框的创建,多重窗体程序的设计。
(4) 学会对鼠标和键盘的编程。
(5) 综合应用编程能力,设计合理的、友好的用户界面。

二、实验预备知识

1. 界面设计预定义类

VB.NET 为了方便用户设计程序界面,预定义了一些常见的用于界面的控件类。其使用方法跟以前的控件(Label、TextBox 等)比较相似,最大的区别是:界面设计类控件在窗体设计时在窗体下方的"专用面板"中出现。用户界面控件如表 1.7.1 所示。

表 1.7.1 用户界面预定义控件类

界面元素	控件名称	意义
菜单	MenuStrip	下拉式菜单
	ContextMenuStrip	弹出式菜单
通用对话框	OpenFileDialog	打开文件对话框
	SaveFileDialog	保存文件对话框
	FontDialog	字体对话框
	ColorDialog	颜色对话框
工具栏	Toolstrip	图标工具栏

2. 菜单设计

应用程序的菜单给用户提供了一种交互操作的方法,分为下拉式菜单 MenuStrip 和弹出式菜单 ContextMenuStrip。一般地,一个应用程序只能有一个下拉式菜单 MenuStrip,但是可根据软件使用的状态隐藏和显示某些菜单项;弹出式菜单 ContextMenuStrip 可以有多个,就是我们平常使用的右键快捷菜单,不同的操作区域或界面状态可设计不同的弹出式菜单。

设计中,应注意热键和快捷键的区别。热键是指打开菜单项后,按该键后迅速执行指明的事件过程;快捷键是指只要应用程序处于活动状态,无论程序处于什么状态,按下该键就能执行指明的事件过程。

主要属性如下:

Text——菜单项显示的标题文本,可以通过"&"设置热键,也可以通过"-"(减号)设置菜单项为分割符。

ShortcutKeys——用来设置菜单项的快捷键。

Checked——设置为 True,则菜单项左边显示一个标记"√",表示选中了该项,否则没有标记"√",表示没有选中。

菜单项的主要事件是 Click 事件,为菜单编写程序就是编写它们的 Click 事件过程。

对于弹出式菜单,通过相关控件如 TextBox 的 ContextMenuStrip 属性设置与相应的弹出式菜单(可以设计多个)关联起来。

3. 通用对话框

通用对话框提供了用户交互的界面,通过界面的方式递交或获取信息,不能真正实现打开文件、保存文件、设置颜色、设置字体等操作。如要实现这些操作必须通过编程实现。

显示对话框界面的方法是 ShowDialog 方法,其实质是一个函数,返回值通过用户点击对话框中的"打开"(或"保存"、"确定"等按钮)或者"取消"按钮获得,分别为 Windows.Forms.DialogResult.OK 和 Windows.Forms.DialogResult.Cancel。常用通用对话框如表 1.7.2 所示。

表 1.7.2 通用对话框的分类属性

通用对话框	属 性	功 能
OpenFileDialog CloseFileDialog	FileName	用于获取用户选定或输入的文件名(包括路径)
	Title	指定对话框的标题
	Filter	过滤器,用于指定文件类型列表框中的选项
	FilterIndex	过滤器索引,用于指定文件类型列表框中默认设置
	InitialDirectory	用于指定对话框的初始目录
	DefaultExt	用于设置默认的扩展名(主要用于 SaveFileDialog)
ColorDialog	Color	用于获取用户指定的颜色
FontDialog	Font	用于获取用户选择的字体
	ShowColor	用于指定对话框中是否有"颜色"选项
	Color	在 ShowColor 为 True 时有效,用于获取用户指定颜色

4. 自定义对话框

自定义对话框是一种简化的窗体,可进行个性化的设置。带有自定义对话框的应用程序实质上是一个多重窗体程序。对于多窗体程序,必须设置启动窗体,也即程序运行时首先见到的窗体,设置方法为:设计环境中"项目"菜单中"属性"命令,进行窗体选择。自定义对话框的属性如表 1.7.3 所示,方法如表 1.7.4 所示。

表 1.7.3 自定义对话框的一般属性设置

属　性	值	说　明
MaximizeBox	False	取消最大化按钮,防止对话框在运行时被最大化
MinimizeBox	False	取消最小化按钮,防止对话框在运行时被最小化
FormBorderStyle	FixedDialog	大小固定,防止对话框在运行时被改变大小

表 1.7.4 自定义对话框的主要方法

方　法	功　能	说　明
ShowDialog	模式显示	显示对话框,用户关闭或隐藏该对话框后,程序才能继续运行
Show	无模式显示	显示对话框,用户可切换任意窗体而不必关闭隐藏该对话框
Hide	隐藏	暂时隐藏,并没有在内存中删除
Close	关闭	释放对话框所占资源,从内存中删除

与对话框进行数据通信的常用两种方法:
(1) 在模块定义公共变量,如创建模块 Module1,其中声明 Public x AS String。
(2) 彼此直接引用控件上的对象。

5. 工具栏

使用 ToolStrip 控件可以很容易地为应用程序创建工具栏,ToolStrip 控件是一个容器,有属性、事件和方法,可放置 ToolStripButton(按钮)、ToolStripLabel(标签)等对象。主要的属性为 Image 属性,另外一个主要属性为 ToolTipText,其值是当鼠标指向该图标时所显示的文本。

编写工具栏上图标的事件过程,即 Click 事件,完成相应的功能。工具栏控件中的对象如表 1.7.5 所示。

表 1.7.5 工具栏 ToolStrip 控件中可放置的对象

对　象	含　义	对　象	含　义
ToolStripButton	按钮	ToolStripLabel	标签
ToolStripSplitButton	标准按钮和右侧下拉按钮	ToolStripDropDownButton	下拉式按钮
ToolStripSeparator	分割线	ToolStripComboBox	组合框
ToolStripTextBox	文本框	ToolStripProgressBar	进度条

6. 鼠标

鼠标含有 MouseDown、MouseUp 和 MouseMove 事件,这 3 个事件都有相同的参数,鼠标当前的状态由参数 e 决定,主要属性为 e.Button 和 e.X、e.Y。鼠标参数如表 1.7.6 所示。(e.X,eY)表示当前鼠标的位置。

表 1.7.6 e.Button 参数的取值及其意义

VB 常数	含　义	VB 常数	含　义
MouseButtons.Left	按下或释放了鼠标左键	MouseButtons.Middle	按下或释放了鼠标中键
MouseButtons.Right	按下或释放了鼠标右键	MouseButtons.None	没有按下鼠标按键

7. 键盘

键盘含有 KeyPress、KeyDown、KeyUp 事件,接收的信息不完全相同。为了启用这 3 个事件,必须将窗体的 KeyPreView 属性设置为 True,而默认值为 False。

(1) KeyPress 事件:由产生 ASCII 码的按键触发。

e. KeyChar:按键对应的 ASCII 码值。

e. Handled:表示本次按键是否被处理过。如它为真,则表示本次按键已经被处理过,不会再被进一步。可利用这个特性在某些控件中过滤掉不允许的字符,比如当出现不允许的字符时,直接置 e. Handled=True 即可。

(2) KeyDown、KeyUp 事件:检测 KeyPress 所不能检测到的功能键、编辑键和箭头键。

e. Shift、e. Control、e. Alt:分别指示 Shift、Control 和 Alt 键是否按下。

e. KeyCode:是 Keys 枚举类型中的一个成员,是用户操作的那个键的扫描代码。

e. Handled:同 KeyPress 事件。

三、实验内容

1. 容易题

(1) 设计一个类似记事本的程序,它的菜单结构如表 1.7.7 所示,用户界面如图 1.7.1 所示,完成下拉式菜单的设计。注意:热键、快捷键、Name 等属性的设置。

表 1.7.7 记事本程序菜单结构

Text	Name	ShorCutKeys	Text	Name	ShorCutKeys
文件(F)	使用默认名		编辑(E)	使用默认名	
新建(N)	NewFile	Ctrl+N	剪切(T)	EditCut	Ctrl+X
打开(O)…	OpenFile	Ctrl+O	复制(C)	EditCopy	Ctrl+C
另存为(A)…	SaveFileAs	Ctrl+S	粘贴(P)	EditPaste	Ctrl+V
分割线	使用默认名	—	格式(O)	使用默认名	—
退出(X)	ExitFile	—	字体(F)	FormatFont	—
帮助(H)	使用默认名		颜色(C)	FormatColor	—
关于(A)…	AboutDialog				

(2) 为记事本程序的下拉式菜单项编写有关的事件过程(其中"打开""另存为"菜单涉及文件操作,暂且不设计),"关于"对话框窗口如图 1.7.1 所示:没有最大化、最小化和关闭控制框,单击窗口内部就可以将窗口关闭;同时对话框显示的信息是"从下往上"的滚动字幕。

注意:格式菜单下的"字体"和"颜色"用通用对话框实现。

提示:项目中添加窗体 Form2,然后将 Form2 设计成"关于"对话框窗口。

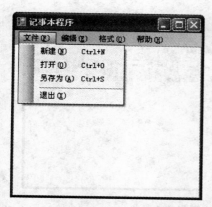
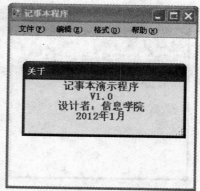

图 1.7.1　记事本程序的运行界面

2．中等题

（1）为记事本程序的文本区域配置一个如图 1.7.2 所示的弹出式菜单，并编写有关的事件过程。

提示：从图中的弹出式菜单可见，其菜单项是否有效要根据具体情况设计，如没有字符被选中，则"剪切"和"复制"是无效的，即 Enabled 属性为 False，有字符选中才为 True。该功能的相关设计可在事件 TextBox1.MouseCaptureChanged 进行。另外还需考虑"粘贴"菜单的情况。

① 声明两个公共变量，一个用于保存"复制的文本"；另一个用于保存"输入光标起始点"Dim tempText As String 和 Dim tempStart As Integer。

② 活用 Textbox 的 SelectedText、SelectionStart 等属性。

图 1.7.2　记事本程序的弹出式菜单

（2）为记事本程序配置一个如图 1.7.3 所示的工具栏，并编写有关的事件过程。

注：工具栏的有效情况与"弹出式菜单"类似。

图 1.7.3 记事本程序的工具栏

3. 难题

（1）完成如图 1.7.4 所示的信息输入软件：Form1 的 Textbox 中输入一行文字，按 Enter 键后将该行文字显示在 Form2 的 Textbox 中，如果按"清除"则将 Form1 的 Textbox 中文字清除；这些操作都将记录：包括总共输入了多少行，其中多少行有效显示。

提示：多窗体设计，将文本显示在正确的位置。

① 共享变量总行数 linecount，有效行数 count。

② Form1 的 Textbox1.KeyPress 事件中增加 linecount 计数，"取消"按钮事件中也应增加 linecount 计数。

图 1.7.4 信息输入界面

（2）完成如图 1.7.5 所示的随机数产生及统计软件：随机产生 30 个二位数，进行分类统计，在"偶数"窗口和"奇数"窗口中显示结果。

提示：多窗体设计，将文本显示在正确的位置。

① 增加一个窗体 form2 和一个模块，并声明：

```
Module Module1
    Public num % (29)
```

```
Public frm21, frm22 As New Form2
End Module
```

② 分别对 frm21 和 frm22 操作,显示窗体则为:frm21.Show()和 frm22.Show()。
③ frm21.Text = "偶数窗口":frm22.Text = "奇数窗口"。

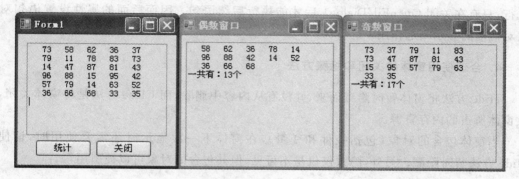

图 1.7.5　随机数产生及统计

四、常见错误与难点分析

1. 设计菜单时,尽可能用事件共享方式

不同的菜单中,可能完成同样的功能。

2. 设计菜单时,可使用"菜单设计器"或"项目集合编辑器"

(1) 添加菜单控件后,单击该控件,设计窗口就会出现"菜单设计器";右击该菜单控件,在弹出的快捷菜单中选择"编辑项"即可以打开"项目集合编辑器"。

(2) 添加菜单项目时,注意 Text 和 Name 的属性。如果不对 Name 属性进行修改,默认以 Text 中的内容为前缀进行命名,这样 Name 名称可能会比较长,也会出现中文名字,在编写事件代码的时候应引起注意。

(3) 菜单项的主要事件是 Click 事件,但不仅仅只有该事件。

3. 在程序代码中使用通用对话框的时候引起错误

(1) 在调用 OpenFileDialog1.ShowDialog()后直接使用 OpenFileDialog1.FileName 出现"未处理 FileNotFindException"错误。主要是单击对话框中"取消"按钮引起。完整的代码应该先判断"单击了对话框中的哪个按钮",再执行其他语句:

```
If (OpenFileDialog1.ShowDialog() = Windows.Forms.DialogResult.OK) Then
⋮
End If
```

(2) 属性设置不起作用,如:

```
OpenFileDialog1.ShowDialog()
OpenFileDialog1.FileName = " * .Bmp"
```

```
OpenFileDialog1.InitialDirectory = "C:\Windows"
OpenFileDialog1.Filter = "Pictures(*.Bmp)|*.Bmp|All Files(*.*)|*.*"
OpenFileDialog1.FilterIndex = 1
```

其原因是：程序语句顺序执行，调用 ShowDialog() 是模式显示，后面的语句暂时不会执行，只有在关闭 OpenFileDialog1 后才能执行后续语句。因而后面的属性设置语句对本次对话框的显示不起作用。

4. 合理使用窗体的关闭和隐藏方法

Hide 方法将窗体暂时隐藏而来，并没有从内容中删除，而 Close 方法是将窗体关闭，释放窗体所占的内存资源。

当窗体包含的对象（包括控件和变量），在窗体下一次显示时还需要使用时，请使用 Hide 方法暂时隐藏。另外，隐藏仅仅是不可见，但其包含的对象可以被引用，如：

```
Form2.Hide()
TextBox1.Text = Form2.TextBox1.Text
```

五、习题

1. 选择题

(1) 关于菜单的说法，正确的是_____。
    A. 菜单就是包含有很多按钮的 Form   B. 菜单有两种基本类型：下拉式和弹出式
    C. 菜单就是不同按钮的组合   D. 菜单项中只有 Click 事件

(2) 关于 OpenFileDialog 控件，错误的是_____。
    A. 可以用 ShowDialog 方法打开
    B. 它并不能真正打开一个文件
    C. 属于非用户界面控件
    D. 属性 FileName 和 Title 等价，可以替换

(3) 下列控件中，属于非用户界面控件的是_____。
    A. SaveFileDialog   B. Button
    C. Textbox   D. ComboBox

(4) 编写"浏览图片"的软件，要求弹出"打开文件"对话框时，可从中选择 bmp 文件和 jpg 文件，下面的语句正确的是_____。
    A. OpenFileDialog1.Open("可打开位图文件(*.bmp)或压缩文件(*.jpg)")
    B. OpenFileDialog1.Filter("位图文件(*.bmp)|*.bmp|压缩文件(*.jpg)|*.jpg")
    C. OpenFileDialog1.Filter="位图文件(*.bmp)|*.bmp|压缩文件(*.jpg)|*.jpg"
    D. OpenFileDialog1.File="位图文件(*.bmp)|*.bmp|压缩文件(*.jpg)|*.jpg"

(5) 在多重窗体应用程序中,关于关键字 Me 的说法,正确的是_____。
   A. 代码所在的窗体   B. 代码所在的控件对象
   C. 应用程序的启动窗体   D. Me 就是指 Form1 窗体

2. 填空题

(1) 菜单项中要将某个字符设置为热键,可以在该字符前加一个_____字符。

(2) 如果要将菜单项设置为分割符,只要在该菜单项的 Text 属性中输入_____符号。

(3) 弹出式菜单是通过_____控件创建的,它必须与其他控件建立关联才有意义,通过设置其他控件的_____属性达到。

(4) 字体对话框中出现"颜色"选项,是通过设置_____属性实现的。

(5) 多窗体应用程序中,窗体间进行数据交换可通过在_____中定义公共变量实现,也可以彼此之间通过直接访问对方上的_____实现。

(6) 工具栏 ToolStrip 控件是一个容器,放置其中的 ToolStripButton 对象除了 Image 属性外,还有一个主要的属性是_____,其值是当鼠标指向是所显示的文本。

(7) 一个蝴蝶飞舞和显示它位置的应用程序。"开启"和"关闭"可以使蝴蝶出现并飞舞和停止并消失。"显示"和"隐藏"可以使指示蝴蝶位置的窗体出现和消失,效果图如图 1.7.6 所示。

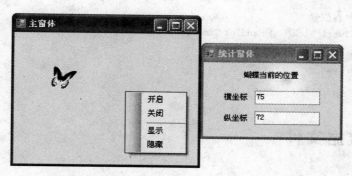

图 1.7.6 蝴蝶飞舞应用程序

Form1 的事件代码:

```
Private Sub Timer1_Tick(...) Handles Timer1.Tick
    PictureBox1.Top -= 2
    PictureBox1.Left += Rnd() * 5
    If PictureBox1.Left >= Me.Width Then PictureBox1.Left = 0
    If PictureBox1.Top <= 0 Then
        PictureBox1.Top = Rnd() * Me.Height
        PictureBox1.Left = 0
    End If
End Sub
Private Sub StartMenuItem_Click(...) Handles StartMenuItem.Click  '打开
    _____
         ①
```

```
    PictureBox1.Top = Rnd() * Me.Height
    If _____②_____ Then PictureBox1.Top = Me.Height
    PictureBox1.Left = 0
        _____③_____
    Form2.Left = Me.Left + Me.Width
    Form2.Top = Me.Top + (Me.Height - Form2.Height) / 2
    Form2.Hide()
End Sub
Private Sub CloseMenuItem_Click(...) Handles CloseMenuItem.Click '关闭
    Timer1.Enabled = False
        _____④_____
    Form2.Close()
End Sub
Private Sub DispMenuItem1_Click(...) Handles DispMenuItem1.Click '显示
        _____⑤_____
End Sub
Private Sub HideMenuItem1_Click(...) Handles HideMenuItem1.Click '隐藏
    Form2.Hide()
End Sub
```

Form2 的事件代码：

```
'显示蝴蝶的中心位置
Private Sub Timer1_Tick(...) Handles Timer1.Tick
    TextBox1.Text = _____⑥_____
    TextBox2.Text = _____⑦_____
End Sub
```

实验 8 数据文件

一、实验目的

（1）掌握顺序文件、随机文件及二进制文件的特点和使用。
（2）掌握各类文件的打开、关闭和读写操作。
（3）学会在应用程序使用文件。

二、实验预备知识

1. 顺序文件及操作

1）打开文件

语句形式如下：

FileOpen(文件号，文件名，模式)

其中,当打开一个文件并为它指定一个文件号后,该文件号就代表该文件,直到文件被关闭后,才可以再被其他文件使用。文件名可以是字符串常量,也可以是字符串变量。文件名中可以包含路径。模式用来指定文件的输入输出方式,其值为 OpenMode 枚举类型,可取下列值:

- OpenMode.Output:对文件进行写操作。
- OpenMode.Input:对文件进行读操作。
- OpenMode.Append:在文件末尾追加记录。

例如,如果要打开 C:\VB 目录下一个文件名为 Score.dat 的文件,供写入数据,指定文件号为 1,则语句应为:

```
FileOpen(1, "C:\VB\Score.dat", OpenMode.Output)
```

2) 关闭文件

语句形式如下:

```
FileClose([文件号])
End If
```

例如,函数 FileClose(1)关闭 1 号文件。

3) 写文件

将数据写入文件常用的函数是 Write、WriteLine、Print 和 PrintLine 函数。

(1) Write、WriteLine 函数。

函数形式:

```
Write(文件号,[输出列表])
WriteLine(文件号,[输出列表])
```

其中,Write 函数在行尾没有换行,WriteLine 在行尾包含换行。"输出列表"一般是指用","分隔的数值或字符串表达式。

(2) Print、PrintLine 函数。

函数形式:

```
Print(文件号,[输出列表])
PrintLine(文件号,[输出列表])
```

其中,Print 函数在输出数据后再输出回车换行符(vbCrLf)。"输出列表"一般是指用","分隔的数值或字符串表达式。

4) 读文件

(1) Input 函数。

函数形式:

```
Input(文件号, 变量)
```

作用:从打开的顺序文件中读出一个数据并将数据赋给指定的变量。

(2) LineInput 函数。

函数形式:

字符串变量 = LineInput(文件号)

作用：从打开的顺序文件中读出一行数据，并将它作为函数的返回值。

（3）InputString 函数。

函数形式：

字符串变量 = InputString(文件号，读取的字符数)

作用：从打开的顺序文件中读取指定数目的字符。

2. 随机文件及操作

打开语句形式：

FileOpen(文件号，文件名，OpenMode.Random，，，记录长度)

记录长度：通过 Len(记录变量)函数自动获得。

写文件：

FilePut(文件号，变量名[，记录号])

读文件：

FileGet(文件号，变量名[，记录号])

3. 二进制文件及操作

文件打开：

FileOpen(文件号，文件名，OpenMode.Binary)

写文件：

FilePut(文件号，变量名[，位置])

读文件：

FileGet(文件号，变量名[，位置])

三、实验内容

1. 容易题

（1）编写如图 1.8.1 所示的应用程序，将文本文件 Myfile.txt 中的内容读入到文本框 TextBox1。

```
Private Sub Button1_Click(...) Handles Button1.Click
    Dim str As String
    TextBox1.Text = ""
    FileOpen(1, "Myfile.txt",_____)
    Do While Not EOF(1)
```

```
            str = LineInput(1)
            TextBox1.Text = TextBox1.Text + _____ + vbCrLf
        Loop
        FileClose(1)
    End Sub
```

(2) 编写如图 1.8.2 所示的应用程序。若单击"添加数据"按钮,则分别用 WriteLine 语句将"姓名"、"性别"、"电话"和"学校"写入文本文件 student.txt;若单击"读取数据"按钮,则用 Input 函数将文本文件中的数据读入相应的文本框。

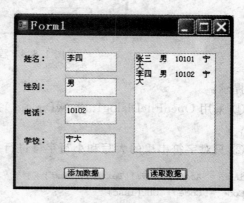

图 1.8.1 程序运行界面   图 1.8.2 程序运行界面

```
Private Sub Button1_Click(...) Handles Button1.Click
    FileOpen(1, "C:\ student.txt", _____①_____ )
    _____②_____(1, TextBox1.Text, TextBox2.Text, TextBox3.Text, TextBox4.Text)
    _____③_____
End Sub

Private Sub Button2_Click(...) Handles Button2.Click
    FileOpen(1, "C:\ student.txt", _____④_____ )
    Dim Name, Sex, Telephone, School As String
    TextBox5.Text = ""
    Do While _____⑤_____
        Input(1, Name)
        Input(1, Sex)
        Input(1, Telephone)
        Input(1, School)
        TextBox5.Text += Name & Space(2) & Sex & Space(2) & Telephone & Space(2) &School
        & vbCrLf
    Loop
    FileClose()
End Sub
```

2. 中等题

设计一个如图 1.8.3 所示的文件加密程序。单击"打开文件"按钮,则文本框显示打开的文件内容；若单击"加密文件"按钮，则文本框显示加密的文件内容。

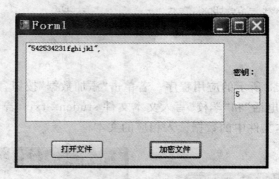

图 1.8.3　程序运行界面

提示：

① 采用 OpenFileDialog1.ShowDialog()打开文件，采用 LineInput 从文件中读出一行数据；

② 只对字符串里的大写和小写字母进行加密，加密的密钥通过文本框获取，例如：

```
iAsc = Asc(c) + Val(TextBox2.text)
Code = Code + Chr(iAsc)
```

3. 难题

用随机文件编写程序。要求：

① 若选择"添加数据"，则将一个学生的学号、姓名和成绩（Integer）添加到随机文件 Random.dat 中。

② 若选择"读取数据"，则按文件中的顺序将学生信息显示在屏幕上。

```
Module Module1
    Structure StudType
        Dim No As Integer              '学号
        Dim Name As String             '姓名
        Dim Score As Single            '成绩
    End Structure
    Public Student As StudType         '定义记录变量
    Public Count As Integer            '记录总数
End Module
Private Sub Button1_Click(...) Handles Button1.Click
    Student.No = Val(TextBox1.Text)
    Student.Name = TextBox2.Text
    Student.Score = Val(TextBox3.Text)
    FileOpen(1, "Random.dat", ____①____)
    Count = Count + 1
    FilePut(1, ____②____)
    FileClose(1)
End Sub
```

```
Private Sub Button2_Click(...) Handles Button2.Click
    FileOpen(1, "Random.dat", _____③_____)
    Dim Sum As Integer
    TextBox4.Text = ""
    Do While Not ____④____
        FileGet(1, Student)
        Sum = Sum + Student.Score
        TextBox4.Text += Student.No & Space(2) & Student.Name & Space(2) _
            & Student.Score & vbCrLf
    Loop
    TextBox4.Text += "总    分：" & Sum & vbCrLf
    TextBox4.Text += "平均成绩：" & Sum / Count & vbCrLf
    FileClose(1)
End Sub
```

四、常见错误与难点分析

（1）FileOpen 语句中的文件名既可以是字符串常量，也可以是字符串变量。

（2）文件没有关闭又被打开，会显示"文件已打开"的出错提示信息。

（3）利用 InputString 函数一次性读入整个顺序文件的数据时，会遇到"输出超出文件尾"的错误。

（4）随机文件的记录类型不定长，导致不能正常存取。

五、习题

1. 选择题

（1）在下面关于顺序文件的描述中，正确的是_____。

  A. 每条记录的长度必须相同

  B. 可通过编程方式随机地修改文件中的某条记录

  C. 数据是以 ASCII 码字符的形式存放在顺序文件中的，所以可通过 Windows 的记事本编辑

  D. 文件的组织结构复杂

（2）在下面关于随机文件的描述中，不正确的是_____。

  A. 每条记录的长度必须相同

  B. 一个文件中的记录号不必唯一

  C. 可通过编程对文件中的某条记录方便地进行修改

  D. 文件的组织结构比顺序文件复制

（3）文件按组织方式可以分为_____。

  A. 顺序文件和随机文件   B. ASCII 文件和二进制文件

  C. 程序文件和数据文件   D. 磁盘文件和打印文件

(4) 若要从磁盘上读一个文件名为"C:\T1.txt"的顺序文件,则应使用下列_____程序段打开文件。

    A. `Dim F As String`
       `F = "C:\T1.txt"`
       `FileOpen(1, F, OpenMode.Output)`

    B. `Dim F As String`
       `F = "C:\T1.txt"`
       `FileOpen(1, "F", OpenMode.Input)`

    C. `FileOpen(1, "C:\T1.txt", OpenMode.Output)`

    D. `FileOpen(1, "C:\T1.txt", OpenMode.Input)`

(5) 随机文件中记录类型的字符串成员应该是定长的,下列_____语句可以在结构类型中定义一个定长的字符串 Str。

    A. `Dim Str as String`

    B. `Dim Str as String * 10`

    C. `Dim Str(10) as String`

    D. `<VBFixedString(4)> Dim Str as String`

(6) 要建立一个学生成绩的随机文件,文件名为"Stud.dat",如下程序段正确的是_____。

    A. `FileOpen(1, "Stud.dat", OpenMode.input)`
       `FilePut(1, s, 1)`
       `FileClose(1)`

    B. `FileOpen(1, "Stud.dat", OpenMode.Random)`
       `FilePut(1, s, 1)`
       `FileClose(1)`

    C. `FileOpen(1, "Stud.dat", OpenMode.Random, ,Len(s))`
       `FilePut(1, s, 1)`
       `FileClose(1)`

    D. `FileOpen(1, "Stud.dat", OpenMode.Random, , ,Len(Stud))`
       `FilePut(1, s, 1)`
       `FileClose(1)`

2. 填空题

(1) 顺序文件的建立。建立顺序文件 C:\Stud.txt,内容来自文本框,每按一次 Enter 键写入一条记录,然后清空文本框的内容,直到文本框内输入"END"字符串。

```
Sub Form1_Load(...)Handles MyBase.Load
        ①
    TextBox1.Text = " "
End Sub

Sub TextBox1_KeyDown(...)Handles TextBox1.KeyDown
    If      ②      Then
        If TextBox1.Text = "END" Then
```

```
            FileClose(1)
            End
    Else
        ③
        TextBox1.Text = ""
        End If
    End If
End Sub
```

（2）文本文件复制。将文本文件 C:\Old.dat 复制成新文件 C:\New.dat。

```
Sub Button1_Click(...)Handles Button1.Click
    Dim Str As String
    FileOpen(1, "C:\Old.dat",    ①    )
    FileOpen(2, "C:\New.dat",    ②    )
    Do While    ③
          ④
        PrintLine(2,Str)
    Loop
          ⑤
End Sub
```

（3）文本文件合并。将文本文件 C:\T2.txt 合并到 C:\T1.txt。

```
Sub Button1_Click(...)Handles Button1.Click
    Dim Str As String
    FileOpen(1, "C:\Old.txt",    ①    )
    FileOpen(2, "C:\New.txt",    ②    )
    Do While Not EOF(2)
          ③
        PrintLine(1,Str)
    Loop
    FileClose()
End Sub
```

第一部分 实验习题参考答案

实验1 VB.NET 环境和可视化编程基础

1. 选择题

(1) B (2) D (3) B (4) A (5) C (6) D (7) B (8) B (9) D (10) B
(11) A (12) B (13) D (14) B (15) A (16) C (17) D (18) A (19) B (20) C
(21) C (22) B (23) C (24) C (25) C (26) D (27) D

实验2 顺序结构程序设计

1. 选择题

(1) D (2) D (3) C (4) C (5) D (6) B (7) D (8) B (9) C (10) C
(11) D (12) B (13) A (14) A (15) B (16) C (17) D (18) A (19) C (20) D
(21) B (22) D (23) B (24) D (25) C (26) C (27) A (28) D (29) A (30) A
(31) D (32) D (33) C (34) A (35) D (36) A (37) C (38) C (39) A (40) C
(41) B (42) A (43) B (44) B

2. 填空题

(1) name (2) interval (3) text (4) name (5) enabled
(6) readonly (7) 2000 (8) a<>0 and b^2-4*a*c>=0
(9) sin(3.14*15/180)+sqrt(x+2.718^3)/abs(x-y) (10) MultiLine
(11) Int(x)+1 (12) False (13) 3.46 (14) 数值、字符 (15) a456
(16) 3 (17) -1、-2 (18) A=INT(A) AND B=INT(B) AND A*B>0
(19) 123.45 (20) x>=1 and x<12 或 x<12 and x>=1
(21) (x mod 10)*10+x\10 (22) x mod 5=0 or x mod 9=0
(23) true (24) -6 5 -5 5 6 (25) "CDE"
(26) x>0 and y>0 or x<0 and y<0 (27) now
(28) DateDiff("d", Now, #6/30/2016#)

(29) UCase(s)＞="A" AND UCase(s)＜="Z"

(30) 0、空串、False　　　　　　(31) Int(Rnd * 101＋200)

(32) Rnd() * 900 ＋ 100、(x \ 10 Mod 10) * 10

(33) year1 mod 400＝0 or year1 mod 4＝0 and year1 mod100＜＞0

3. 简答题

(1) Textbox 可以接受键盘输入事件；而 label 只能在程序编译时加载信息。

(2) 字符串型、可以。

(3) NAME 是对象的唯一标识；text 是对象编译和显示时的名称。

实验 3　选择结构程序设计

1. 选择题

(1) A　(2) D　(3) C　(4) B　(5) A　(6) C　(7) A　(8) D　(9) D　(10) D
(11) C　(12) A　(13) C　(14) B　(15) C

2. 填空题

(1) 12　　　　(2) *　　　　(3) 2　　　　(4) 1

(5) ① x＞30　② x＜10　③ is＞30　④ is＜10

(6) ①　Asc(e.KeyChar) = 13　② y Mod 100 ＜＞ 0 And y Mod 4 = 0　③ Else

实验 4　循环结构程序设计

1. 选择题

(1) A　(2) C　(3) D　(4) A　(5) A　(6) B　(7) D　(8) D　(9) B　(10) B
(11) B　(12) A　(13) D　(14) D　(15) B　(16) D　(17) B　(18) C　(19) B

2. 填空题

(1) 5 7 9　(2) i＝i＋10　(3) 33 或 34　(4) 10

(5) ① Len(a)　② n　③ c & d

(6) ① n Mod 5 = 1 And n Mod 7 = 1 And n Mod 9 = 1
　　② CountN ＋ 1　③ CountN ＜ 3

(7) ① max1 = mark　② min1 = mark　③ max1 = mark
　　④ aver = aver ＋ mark　⑤ (aver － max1 － min1) / 8

(8) DDDyyx

实验 5　数组

1. 选择题

(1) B　(2) D　(3) B　(4) C　(5) D　(6) C　(7) A　(8) A　(9) B

2. 填空题

(1) UBound( )
(2) ① Min＝a(0)　　② UBound(a)
(3) ① n = UBound(a)　② j = n To i　③ a(j)>a(j－1)
(4) ① Dim Arr(N － 1) As Integer
　　② TextBox1.Text = TextBox1.Text + Str(Arr(i)) + " "
　　③ P1 < P2
　　④ TextBox2.Text = TextBox2.Text + Str(Arr(i)) + " "

实验 6　过程

1. 选择题

(1) D　(2) D　(3) A　(4) D　(5) B　(6) C　(7) B　(8) B

2. 填空题

(1) Ubound( )　(2) 模块级
(3) ① Mid(s, i, 1)　② num = num + 1　③ Label2.Text = n

实验 7　用户界面设计

1. 选择题

(1) B　(2) D　(3) A　(4) C　(5) A

2. 填空题

(1) &　(2) －　(3) ContextMenuStrip、ContextMenuStrip
(4) ShowColor　(5) 模块、控件　(6) ToolTipText
(7) ① Timer1.Enabled = True
　　② PictureBox1.Top <= 0
　　③ PictureBox1.Visible = True
　　④ PictureBox1.Visible = False

⑤ Form2.Show()
⑥ Int(Form1.PictureBox1.Left + Form1.PictureBox1.Width / 2)
⑦ Int(Form1.PictureBox1.Top + Form1.PictureBox1.Height / 2)

实验8 数据文件

1. 选择题

(1) C　　(2) B　　(3) A　　(4) D　　(5) D　　(6) B

2. 填空题

(1) ① FileOpen(1,"C:\Stud.txt",OpenMode.Output)
　　② e.KeyCode=Keys.Enter　③ PrintLine(1,TextBox1.Text)

(2) ① OpenMode.Input　　② OpenMode.Output　　③ Not EOF(1)
　　④ Str=LineInput(1)　　⑤ FileClose()

(3) ① OpenMode.Append　　② OpenMode.Input
　　③ Str=LineInput(2)

第二部分 提高性实验

实验 1 面向对象程序设计

一、实验目的

(1) 掌握 VB.NET 预定义类的使用。
(2) 掌握类的定义和对象的声明方法。
(3) 掌握简单的类的设计。
(4) 掌握属性和事件的定义。
(5) 掌握类的继承性和派生新的类。

二、实验预备知识

1. 类与结构的区别

从结构上说,类是从传统的结构演变而来的。类中既可以有数据成员,又能定义属性、方法和事件。在 VB.NET 中,可以认为结构是用 Structure 定义的类。

2. 类的基本特性

1) 封装性
封装是指将一组相关的数据成员、属性、方法和事件有机地组合在一起,类是实现封装的工具,在 VB.NET 中,类的成员包括数据成员、属性、方法和事件。

2) 继承性
继承是指在一个已经存在的类的基础上定义一个新的类。已有的类称为基类,新类称为派生类。继承性提高了代码的可复用性。

3) 多态性
多态是指同样的消息被不同类型的对象接收时将导致不同的行为。多态性增强了软件的灵活性和可复用性。

3. 类的定义

（1）定义形式。

```
Class 类名
    数据成员的说明
    属性的定义
    方法的定义
    事件的定义
End Class
```

（2）定义类的关键字为 Class，End Class 是类定义的结束标志。

（3）类中的数据成员可以初始化。

（4）类成员的访问修饰符一般有 Public（公有）、Private（私有）、Protected（保护）3 种。它们的访问权限不同，其中，Public 为公有访问权限，在类之内以及类外都可以访问，访问不受限制；Private 为私有访问权限，只能在其声明的类中访问，不能在类之外访问；Protected 为受保护的访问权限，只能在其声明的类及派生类中访问。

（5）一般来说数据成员声明为 Private，属性、方法和事件声明为 Public。

4. 属性的定义

属性是通过属性访问器进行声明的。一般的定义方法如下：

```
[访问修饰符] Property 属性名(参数列表) As 数据类型
    Get
        ⋮
    End Get

    Set(ByVal Value As 数据类型)
        ⋮
    End Set
End Property
```

5. 事件的定义

定义事件的一般过程如下：

（1）用 Event 语句声明事件，用 Raise Event 语句触发事件。

（2）用 With Events 定义对象变量。

用 Event 语句声明事件，用 RaiseEvent 语句触发事件，用 With Events 定义对象变量。

6. 方法的定义

方法是指在类中定义的普通 Function 函数和 Sub 过程。

7. 声明对象变量

从本质上讲，对象变量的赋值是将对象的地址赋予对象变量，对象变量并没有存储对象。对象变量的声明形式如下：

[Dim| Private| Public] 对象变量名 As [New] 类名

8. 对象变量的赋值和释放

对象变量的赋值与普通变量的赋值没有什么区别。释放对象变量语句的形式为：

对象变量名 = Nothing

9. 构造函数

(1) 构造函数名只能是 New，并且不能制定函数类型（即为 Sub）。
(2) 可以重载，即可以定义多个参数个数不同或参数类型不同的构造函数。
(3) 构造函数是在创建对象时由系统自动调用，程序中不能直接调用。

10. 继承和派生

派生类的定义方法如下：

```
Class 派生类名
    Inherits 基类
    ⋮
End Class
```

三、实验内容

1. 容易题

（1）定义一个表示学生的类 Student，该类中包含学生的学号（No）、姓名（name）、性别（sex）和年龄（age）4 个数据成员，再定义两个方法（过程）Value 和 Print。单击窗体调用 Value 对上述 4 个数据成员赋值，分别为"100000"，"张三"，"男"，20，调用 Print 在即时窗口输出各数据成员的值。程序运行结果如图 2.1.1 所示。

```
Public Class Form1
    Class student
        Private No As String
        Private name As String
        Private sex As Char
        Private age As Integer
        Public Sub value(ByVal a As String, ByVal b As String, ByVal c As Char, ByVal d As Integer)
            No = a
```

```
            name = b
            sex = c
            age = d
        End Sub
        Public Sub print()
            Debug.WriteLine(No)
            Debug.WriteLine(name)
            Debug.WriteLine(sex)
            Debug.WriteLine(age)
        End Sub
    End Class

    Private Sub Form1_Click(ByVal sender As Object, ByVal e As System.EventArgs) Handles Me.Click
        Dim x As _____
        x.value("100000", "张三", "男", 20)
        x.print()
    End Sub
End Class
```

（2）编写对象变量代码，在窗体装载的时候生成一个标签，标签在窗体上的位置是（100,100），标签的宽度是 150，高度是 30，标签上显示的内容是"对象变量应用示例"，如图 2.1.2 所示。

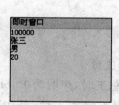
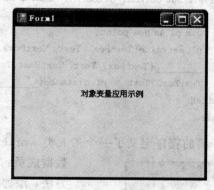

图 2.1.1　即时窗口运行结果　　　图 2.1.2　标签显示运行界面

```
Private Sub Form1_Load(...) Handles MyBase.Load
    Dim label1 = New System.Windows.Forms.Label
    label1.location = New System.Drawing.Point(100, 100)
    label1.name = "label1"
    label1.size = New System.Drawing.Size(150, 30)
    label1.text = "对象变量应用示例"
    Controls.Add(_____)
End Sub
```

2. 中等题

(1) 设计一个点类（point），具有数据成员 x、y（点的坐标值）以及设置数据成员（setvalue）和求两点间距离（distance）的功能，要求单击按钮后，将点的坐标值分别送入 point 对象的数据成员中，然后调用 distance 计算两点间的距离。计算结果如图 2.1.3 所示（提示：假设有两个点 p1 和 p2，求两点间距离的方法是 distance，则调用方法是：p1.distance(p2) 或者 p2.distance(p1)）。

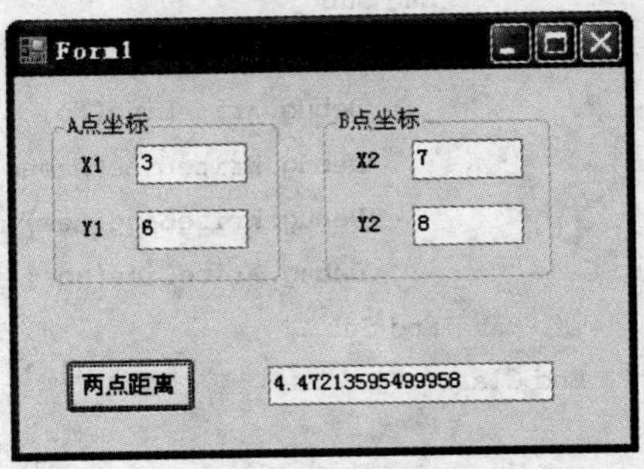

图 2.1.3 求两点间距离运行界面

```
Imports System.Math
Public Class Form1
    Class point
        Private x As Single
        Private y As Single
        Public Sub setvalue(ByVal a As Integer, ByVal b As Integer)
            x = _____
            y = _____
        End Sub
        Public Function distance(ByVal r As point) As Double
            Return Sqrt((Me.x - r.x) ^ 2 + (Me.y - r.y) ^ 2)
        End Function
    End Class
    Private Sub Button1_Click(...) Handles Button1.Click
        Dim p1 As New point
        Dim p2 As New point
        p1.setvalue(TextBox1.Text, TextBox2.Text)
        _____(TextBox3.Text, TextBox4.Text)
        TextBox5.Text = p1.distance(_____)
    End Sub
End Class
```

(2) 下面的程序定义了一个工人类 worker，它有以下成员。

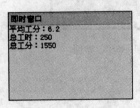

图 2.1.4 测试定义 worker 类运行界面

数据成员：平均工分、总工时，声明为 Public

方法：添加工种方法用于增加工种，其中参数 hours 和 score 表示工种的工时和每个工时的工分。

属性：总工分是一个只读属性。

类 Form1 中的 Button1_Click 事件过程用于测试所定义的类。

请将下列程序补充完整，程序运行结果如图 2.1.4 所示。

```
Public Class Form1
    Inherits System.Windows.Forms.Form
    Class worker
        Public 平均工分, 总工时 As Single
```

```
        Public ReadOnly Property 总工分()
            Get
                Return _____
            End Get
        End Property
        Public Sub 添加工种(ByVal hours As Single, ByVal score As Single)
            总工时 = 总工时 + hours
            平均工分 = 平均工分 * 总工时 + score * hours
            平均工分 = 平均工分 / 总工时
        End Sub
    End Class
    Private Sub Button1_Click(ByVal sender As System.Object, ByVal e As System.EventArgs) Handles Button1.Click
        Dim s As New worker
        s.平均工分 = 5
        _____ = 200
        _____(50, 6)
        Debug.WriteLine("平均工分: " & s.平均工分)
        Debug.WriteLine("总工时: " & s.总工时)
        Debug.WriteLine("总工分: " & _____)
    End Sub
End Class
```

四、常见错误与难点分析

1. 如何访问 Public 和 Private 成员

Public(公有的)和 Private(私有的)是访问修饰符。Public 修饰的成员在类的内部和外部都可以访问,但是 Private 修饰的成员只能在类的内部访问,不能在类的外部访问。如以下程序:

```
Class sum
    Private x As Integer
    Public y As Integer
End Class
Public Class Form1
    ⋮
    Dim a As New sum
    a.x = 5              '错误:不能访问数据成员 x,因为它是私有的
    a.y = 10             '正确:可以访问数据成员 y,因为它是公有的
    ⋮
End Class
```

2. 属性定义时注意类型一致

属性在定义时,属性的类型应该与 Set 子句中 Value 定义的类型一致。如下列程序是

错误的，因为属性声明为 Single 类型，而 Value 没有显示声明类型，即为 Object 类型，两者不一致导致出错。

```
Class sum
    Private x As single
    Public Property a() As single
        Get
            Return x
        End Get
        Set(Byval Value)
            x = Value
        End Set
    End Property
End Class
```

3. 默认构造函数

若类中没有定义过任何形式的构造函数，系统会自动生成默认构造函数；若已定义过构造函数，则系统不会自动生成默认构造函数。需要时要求用户显式定义这种形式的构造函数。如果只定义下列构造函数：

```
Class student
    Public Sub New(ByVal a As Ingeter)
    End Sub
End Class
```

而没有定义默认构造函数：

```
Public Sub New()
End Sub
```

则语句 Dim x As New student 是错误的，因为系统没有自动生成默认构造函数，而编译系统必须要有构造函数。

五、习题

1. 选择题

(1) 下列关于构造函数的说法，错误的是_____。

    A. 一个类中可以有多个构造函数

    B. 用户在定义类时必须在其中定义构造函数

    C. 构造函数不能指定函数类型

    D. 构造函数在对象实例化时由系统自动调用，程序不能直接调用

(2) 下面对象变量声明和赋值语句错误的是_____。

    A. `Dim x As Form`   B. `Dim x As Control`

       `x = New Textbox`   `x = New Textbox`

       `Controls.Add(x)`   `Controls.Add(x)`

C. Dim x As Textbox
   x = New Textbox
   Controls.Add(x)

D. Dim x As Object
   x = New Textbox
   Controls.Add(x)

（3）在派生类中不可以访问_____。

A. 基类中的公有成员   B. 基类中的私有成员

C. 基类中的保护成员   D. 派生类中的私有成员

（4）在派生类中调用基类的构造函数应用关键字(   )。

A. MyBase   B. MyClass   C. Me   D. 不能调用基类的构造函数

（5）下列代码正确的是_____。

A. Class Student
   Private x As Integer
End Class
Public Class Form 1
   Dim a as New Student
   a.x = 100
End Class

B. Class Student
   Public x As Integer
End Class
Public Class Form 1
   Dim a as New Student
   a.x = 100
End Class

C. Class Student
   Protected x As Integer
End Class
Public Class Form 1
   Dim a as New Student
   a.x = 100
End Class

D. Class Student
   Public x As Integer
End Class
Public Class Form 1
   Dim a as Student
   a.x = 100
End Class

2. 填空题

（1）类具有 3 个基本特性：封装性、继承性和_____。

（2）在面向对象程序设计中，可以在原有类的基础上定义新的类，原有的类称为**基类**（或父类），新的类称为_____（或子类）。

（3）在事件定义中，用 Event 语句声明事件，用_____语句触发事件。

（4）窗体 Form1 是从_____派生出来的。

（5）对一个变量赋予_____可以释放对象变量。

（6）派生中应使用关键字_____引出继承。

实验 2   数据库应用

一、实验目的

（1）掌握 VB.NET 访问数据库的基本过程。

（2）掌握数据绑定方法。

（3）掌握基于绑定的数据库访问方法。

二、实验预备知识

1. 数据库应用程序的3个层次

数据库应用程序可以分为3层：前台、中间层和后台。前台是应用程序的功能界面，主要完成满足一定应用需求的应用程序功能设计及相应的界面设计；中间层是介于前台和后台之间的数据访问层，完成前台访问后台数据库的操作；后台是数据库，提供前台应用程序所需要的数据源和访问数据源的基本操作。

2. ADO.NET 对象模型

1) ADO.NET 对象模型简介

ADO.NET 对象模型中主要有 5 个数据访问对象，分别是 Connection、Command、DataSet、DataAdapter 和 DataReader。

ADO.NET 使用 Connection 对象来连接后台数据库，使用 Command 对象来执行 SQL 语句，并将执行的结果通过 DataAdapter 填充到数据集对象 DataSet 中，用于前台的数据库访问操作。

2) DataAdapter 的读写操作

DataAdapter 对象的读操作是由 Fill 方法完成。如：

`Me.StudentsTableAdapter.Fill(Me.ClassesDataSet.Students)`

DataAdapter 对象的写操作是由 Update 方法完成。如：

`Me.StudentsTableAdapter.Update(Me.ClassesDataSet.Students)`

3. 基于绑定的数据库访问

(1) 两种类型的数据绑定：简单绑定和复杂绑定。
(2) 访问数据库的基本过程：
① 建立数据源。
② 设置绑定关系。
(3) 基于 DataSet 的数据访问
① 读操作——数据表的显示。
② 写操作——数据表的更新。
(4) 基于绑定的数据浏览

实现数据绑定要借助于绑定类 BindingManagerBase 的对象 Mybind。

```
Mybind.Position = 0                          '指向第一条记录
Mybind.Position = Mybind.Position - 1        '指向前一条记录
Mybind.Position = Mybind.Position + 1        '指向后一条记录
Mybind.Position = Mybind.Count - 1           '指向最后一条记录
```

三、实验内容

1. 容易题

(1) 在 Access 软件中创建名为 Classes 的数据库,数据库中包含学生表 Students 和成绩表 Scorelist,数据表如图 2.2.1 所示(students 表中没有主键)。

图 2.2.1 数据表结构图

(2) 实现对数据表 Students 的访问,界面如图 2.2.2 所示。

图 2.2.2 基于绑定的数据访问

2. 中等题

(1) 完成如图 2.2.3 所示的学生信息数据访问界面,要求可以实现数据浏览、插入、删除、修改等操作,请将下列程序代码补充完整。

```
Imports System.Data.OleDb
Public Class Form1
Public mybind As BindingManagerBase
```

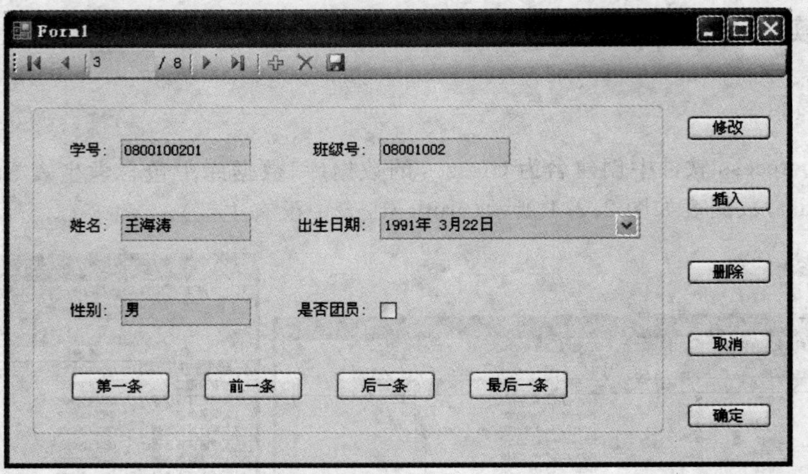

图 2.2.3 学生信息运行界面

```
Private Sub Form1_Load(...) Handles MyBase.Load
    Me.StudentsTableAdapter.Fill(Me.ClassesDataSet.students)
    mybind = Me.BindingContext(Me.StudentsBindingSource)
End Sub
Private Sub Button1_Click(...) Handles Button1.Click '第一条
    _____
End Sub
Private Sub Button2_Click(...) Handles Button2.Click '前一条
    _____
End Sub
Private Sub Button3_Click(...) Handles Button3.Click '后一条
    _____
End Sub
Private Sub Button4_Click(...) Handles Button4.Click '最后一条
    _____
End Sub
Private Sub Button5_Click(...) Handles Button5.Click '修改
    Me.Validate()
    Me.StudentsBindingSource.EndEdit()
    _____
End Sub
Private Sub Button6_Click(...) Handles Button6.Click '插入
    _____
End Sub
Private Sub Button7_Click(...) Handles Button7.Click '删除
    _____
End Sub
Private Sub Button8_Click(...) Handles Button8.Click '取消
    mybind.CancelCurrentEdit()
End Sub
```

```
Private Sub Button9_Click(...) '确定
    Me.Validate()
    Me.StudentsBindingSource.EndEdit()
    Me.StudentsTableAdapter.Update(Me.ClassesDataSet.students)
End Sub
End Class
```

（2）通过学号查找具体学生的信息。要求在实现对数据表 Students 的访问的基础上，建立一个 ComboBox 控件，将学生学号放入，选中不同的学号，在右侧信息栏中显示相应学生的信息。程序运行结果如图 2.2.4 所示（提示：在 ComboBox 的属性中要设置 DataSource 为 StudentsBindingSource，DisplayMember 为学号）。

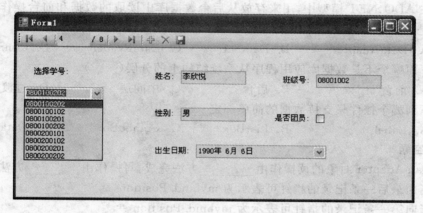

图 2.2.4 用 ComboBox 实现查找学生信息界面

四、常见错误与难点分析

1. 通过 ComboBox 控件绑定数据后显示不出选择的内容

在利用 ComboBox 绑定数据后，需要设置 datasource 和 displaymember 属性为相应的内容才能显示出选择的内容。

2. 注意 Fill 方法和 Update 方法的使用

DataAdapter 对象的读操作用 Fill 方法实现，写操作用 Update 方法实现。

3. 数据集的访问顺序

数据集对象的结构为：

`DataSet.Table("数据表名").Row(i).Item(j)`

数据集的访问顺序是：数据库─>表─>行─>列。上述代码获取的是数据集中指定表的第 i 行、第 j 列的元素。

五、习题

1. 选择题

（1）在 ADO.NET 模型中，完成将前台数据集中的更新回填到数据库中的对象是_____。

    A. DataAdapter   B. DataSet   C. DataReader   D. Connection

（2）在 ADO.NET 模型中，用来对数据库进行查询、增加、删除等操作的对象是_____。

    A. DataAdapter   B. Command   C. DataReader   D. Connection

（3）在 ADO.NET 模型中，用来存放从后台数据库中读取的数据和前台操作的结果数据的对象是_____。

    A. DataAdapter   B. DataSet   C. DataReader   D. Connection

（4）下面哪个不是数据库应用程序从系统结构上的分层（　　）。

    A. 前台   B. 后台   C. 中间层   D. 过渡层

（5）下列哪个控件只支持数据的简单绑定_____。

    A. Label   B. ListBox   C. ComboBox   D. DataGridView

2. 填空题

（1）DataAdapter 对象的读操作由_____方法完成，写操作由_____方法完成。

（2）指向最后一条记录的指针可表示为 mybind.Position = _____。

（3）指向第一条记录的指针可表示为 mybind.Position = _____。

（4）ComboBox 控件绑定数据源时，需要设置_____和_____两个属性。

实验 3　图形应用程序

一、实验目的

（1）掌握 GDI 的基础知识，绘图常用的类和数据结构。

（2）掌握一些常用的绘图函数，学会画一些图形。

（3）掌握 GDI 和一些绘图函数的综合应用，以及图像处理。

二、实验预备知识

1. 画笔

在 GDI+ 中，Pen 对象在画布上处理图形的轮廓部分。通过使用 Pen 类可以设置所画线条的颜色、线宽和样式。创建画笔的格式：

```
Dim 画笔对象 As Pen = New Pen(颜色,[线宽])
```

另外，Pen 类还提供 SetLineCap 方法设置一条直线的起始端和终止端的样式，SetLineCap 方法的格式：

画笔对象.SetLineCap(StartCap,EndCap,DashCap)

其中,StartCap、EndCap 为线段起始端和终止端的样式;DashCap 为线段。

2. 常用绘图函数

线型与形状通过各种 Draw 绘制函数来完成。各种绘图函数的具体功能和格式如表 2.3.1 所示。

表 2.3.1 绘图函数

绘图函数	说　　明
DrawLine	功能:绘制直线 格式:DrawLine(pen, pt1, pt2)
DrawRectangle	功能:绘制矩形 格式:DrawRectangle(pen, rect)
DrawEllipse	功能:绘制椭圆轮廓线 格式:DrawEllipse(pen, rect)
DrawEllipse	功能:绘制椭圆轮廓线 格式:DrawEllipse(pen, rect)
DrawArc	功能:绘制圆弧 格式:DrawArc(pen, rect, startangle, sweepangle)
DrawPie	功能:绘制扇形轮廓 格式:DrawPie(pen, rect, startangle, sweepangle)
DrawPolygon	功能:绘制由 Point 数组中的点构成的多边形 格式:DrawPolygon(pen, Point 数组)
DrawCurve	功能:绘制由 Point 数组中的点构成的曲线 格式:DrawCurve(pen, Point 数组)
DrawClosedCurve	功能:绘制 Point 数组中的点构成的封闭曲线 格式:DrawClosedCurve(pen, Point 数组)

3. 图形填充

画刷(Brush)主要用于封闭图形的填充。不能直接将 Brush 类实例化,而只能实例化它的子类对象。常用的 Brush 子类有 SolidBrush、TextureBrush、LinearGradientBrush、HatchBrush。

- 单色刷:只能用一种颜色填充矩形、多边形等图形区域。例如:

  Dim sb As SolidBrush = New SolidBrush(Color.Blue)

- 纹理刷:用一个图片来填充图形。

  Dim tb As New TextureBrush(New Bitmap("if.gif"))

- 渐变刷:用线性渐变色来填充图形。

  Dim lb As New LinearGradientBrush(Point1, Point2, Color1, Color2)

- 网格刷:根据条纹模式来设置填充类型。格式为:

  Dim hb As New HatchBrush(条纹类型,前景色,背景色)

封闭图形的填充通过各种 Fill 绘图函数来完成。

4. 文本输出

文字绘制要 Graphics 类的 DrawString 函数,绘制时包括要绘制的文本内容、使用的 Font 对象、画刷、绘制的起点坐标等。格式为:

```
DrawString(要绘制的本文内容,字体对象,画刷,起点坐标)
```

5. 绘制图形的一般步骤

- 建立或取得 Graphics 对象。
- (定义画笔、画刷、字体等绘图工具。
- 利用 Graphics 对象的 DrawLine、DrawString、FillPie 等绘图函数绘制各种图形。
- 调用 Dispose 方法释放 Graphics 对象所占用的系统资源。

6. 图像处理

VB.NET 可处理的图像格式有 BMP、GIF、JPEG、PNG、TIFF、WMF 和 EMF 等。

- 从指定的文件创建图像对象。

格式:

```
Dim 图像对象 As Bitmap = New Bitmap("图形文件")
Dim 图像对象 As Graphics = Image.FromFile("图形文件")
```

- 显示对象

格式:

绘图对象.DrawImage(图像对象, 起始点 x, y [,宽度,高度])

- 裁剪对象

格式:

```
DrawImage(图像对象,目标矩形,源矩形,GraphicsUnit.Pixel)
```

- 旋转反射和扭转图像

```
图像对象.RotateFlip(RotateFlipType.成员)
绘图对象.DrawString(图像对象,目标点数组)
```

三、实验内容

1. 容易题

使用画笔 Pen 绘制线宽 10 像素的绿色有箭头实线和线宽 6 像素的点画线。

```
Private Sub Button1_Click( )
    Dim g As Graphics = Me.CreateGraphics
    Dim p As New Pen(Color.Green, 10)
```

```
        p.SetLineCap(LineCap.Flat, LineCap.ArrowAnchor, DashCap.Flat)
        g.DrawLine(p, 50, 10, 300, 10)
        p.EndCap = LineCap.Flat
        p.DashStyle = DashStyle.DashDot
        p.Width = 6
        g.DrawLine(p, 50, 30, 300, 30)
End Sub
```

2. 中等题

设计在窗体上按下对应的按钮，绘制圆柱、矩形、扇形、多边形和椭圆。设计界面如图 2.3.1 所示。

提示：

① 由于要在多个事件中使用画笔和画布，故应在通用处声明画布和画笔对象。

② 圆柱可画两个椭圆并用直线连接，矩形、扇形和多边形只要给出一系列的点，调用对应 Draw 绘图函数即可。

③ 椭圆、文字和画刷采用 Brush 来进行图形填充，调用对应的 Fill 函数即可。

3. 难题

从文本框中读入数据，并用这些数据绘制统计直方图。设计界面如图 2.3.2 所示。

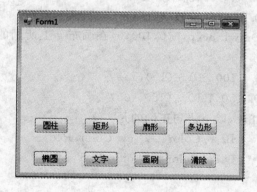

图 2.3.1　程序运行界面

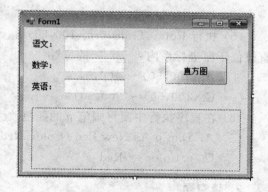

图 2.3.2　程序运行界面

提示：

需要将坐标原点平移到对象的左下角，用对象允许作图的高度与最大销售量之比计算出绘图单位放大倍数 bl，销售量 * bl 就是条图的高度，将其乘以 -1，就是在垂直方向绘图的坐标点；条图的宽度可以事先给出，也可动态分配，本例为 25 像素点。

四、常见错误与难点分析

(1) VB.NET 坐标系中的旋转方向。

(2) 使用 g.ScaleThansform(1,-1) 翻转 Y 轴的方法。

(3) 使用 Dim g As New Graphics 建立 Graphics 类的实例产生的错误。

(4) 使用一个图片来创建画笔的方法。

五、习题

1. 选择题

(1) GDI＋位于_____命名空间。
  A. System.Drawing   B. System.IO
  C. System.Exception   D. System.Math

(2) 以下构造 Graphics 类的实例语句中，正确的是_____。
  A. Dim g As Graphics ＝ New Graphics()
  B. Dim g As Graphics ＝ Me.CreateGraphics()
  C. Dim g As New Graphics ＝ Me.CreateGraphics()
  D. Dim g As Graphics ＝ New Graphics(Color.Blue)

(3) 在矩形区域 rect(5,5,50,70) 中用画笔 p 绘制起始角 45°，终止角 －45° 的弧线，正确的语句是_____。
  A. g.DrawArc(p,rect,45,－45)   B. g.DrawArc(p,rect,－45,45)
  C. g.DrawArc(p,rect,45,90)   D. g.DrawArc(p,rect,45,－90)

(4) 执行 RotateTransform(10) 两次，所绘制的图_____。
  A. 顺时针旋转 10 度   B. 顺时针旋转 20 度
  C. 逆时针旋转 10 度   D. 逆时针旋转 20 度

(5) 执行 RotateTransform(100,50) 后，g.DrawLine(p,0,0,100,0) 在画布 g 上所画的直线位于原坐标系内_____的位置。
  A. (100,50)～(100,0)   B. (100,50)～(150,50)
  C. (100,50)～(200,50)   D. (50,100)～(150,100)

(6) 在程序执行中要将画笔 p 的颜色改为红色，以下语句正确的是_____。
  A. Dim p As New Pen(Color.Red)   B. p.Color ＝ New Color.Red
  C. p.Color ＝ Red   D. p.Color ＝ Color.Red

2. 填空题

(1) 将绘图对象 g 上的内容清除为白色，使用的指令是_____。

(2) 绘制一段圆弧，其终止角度为正数时表示按_____方向绘图，为负数时表示按_____方向绘图。

(3) 使用 bin 目录内的 tu.gif 图片创建纹理刷 tb，使用的命令为_____。

(4) 使用 HatchBrush 对象前，需要先导入_____命名空间。

(5) Graphics 类中没有专门用来绘制圆的函数，可以用_____来实现，将外接矩形设置为_____，则绘制的就是圆。

(6) 将图形文件放置在_____文件夹内，可直接指定图形文件。若放置在其他文件夹中，则必须指明_____。

第二部分 实验习题参考答案

实验 1 面向对象程序设计

1. 选择题

(1) B　　(2) A　　(3) B　　(4) A　　(5) B

2. 填空题

(1) 多态性　　(2) 派生类　　(3) RaiseEvent
(4) Form　　(5) Nothing　　(6) Inherits

实验 2 数据库应用

1. 选择题

(1) A　　(2) B　　(3) B　　(4) D　　(5) A

2. 填空题

(1) Fill,Update
(2) mybind.Count-1
(3) 0
(4) DataSource,Displaymember

实验 3 图形应用程序

1. 选择题

(1) A　　(2) B　　(3) D　　(4) B　　(5) C　　(6) D

2. 填空题

(1) g.Clear(Color.White)

(2) 顺时针、逆时针
(3) Dim tb As New TextureBrush(New Bitmap("tu.gif"))
(4) System.Drawing.Drawing2D
(5) DrawEllipse、正方形
(6) Bin、文件夹

第三部分 编程实例

3.1 扫雷程序

3.1.1 程序功能

编写一个类似 Windows 系统的扫雷程序,该程序可以完成以下功能。

(1) 程序运行初始状态只具有"开始"和"结束"两个按钮,参见图 3.1.1。

(2) 单击"开始"按钮后由程序生成由 9×9 个复选框构成的雷区,并由程序随机布雷,参见图 3.1.2。

图 3.1.1　运行初始状态

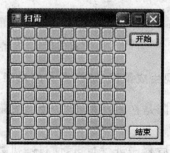

图 3.1.2　生成后雷区状态

(3) 用户单击左键开始扫雷,右键进行标雷。

(4) 用户点击连续无雷区的任意一个复选框,其周边的复选框自动打开,参见图 3.1.3。

(5) 用户触雷,弹出提示"扫雷失败单击开始按钮再来一次",单击"开始"按钮可重新开始扫雷,参见图 3.1.4。

图 3.1.3　扫雷过程中状态

图 3.1.4　扫雷失败状态

(6) 10 颗雷标记完毕,并且所有复选框都已打开,则提示"恭喜你,扫雷成功!!!",参见图 3.1.5。

(7) 单击"结束"按钮,程序结束。

图 3.1.5　扫雷成功状态

3.1.2　程序分析与代码

1. 定义共用变量

在模块内,任何过程外定义一个复选框类型的二维数组,作为雷区,另定义一个 K 变量作为标雷的数目,语句为:

```
Dim chks(8, 8) As CheckBox   '9×9复选框数组
Dim k As Integer             '标雷计数
```

2. 实现生成雷区、随机布雷的功能

(1) 雷区是在用户单击"开始"按钮的情况下自动生成的一个 9×9 个复选框构成的方阵。

(2) 然后程序进行布雷,通过随机数进行布雷。

(3) 利用 AddHandler 语句实现在运行时将事件与事件处理程序相关联。

程序代码如下:

```
Private Sub Button1_Click(...) Handles Button1.Click
    Dim i, j As Integer
    For i = 0 To 8
        For j = 0 To 8
            If chks(i, j) Is Nothing Then      '数组中还没数据,即不存在复选框
                chks(i, j) = New CheckBox()    '循环生成复选框赋值给数组
            Else
                '数组 chk(i,j)中已有数据,即存在复选框,则设置这 9×9 个复选框为可用
                chks(i, j).Enabled = True
            End If
            '动态将 chk 中每一个复选框的 MouseUp 与 ChksMouseUp 过程关联
            AddHandler chks(i, j).MouseUp, AddressOf ChksMouseUp
            '设置每一个复选框的属性
```

```
            chks(i, j).Checked = False
            chks(i, j).BackColor = Color.LightGray
            chks(i, j).ForeColor = Color.Blue
            chks(i, j).Width = 20
            chks(i, j).Height = 20
            chks(i, j).Top = i * 20
            chks(i, j).Left = j * 20
            chks(i, j).FlatStyle = FlatStyle.Standard
            chks(i, j).Text = ""
            Label1.Text = ""
            Dim f As New Font("黑体", 10, FontStyle.Bold)
            chks(i, j).Font = f
            chks(i, j).Appearance = Appearance.Button   '外观设置为按钮形式
            chks(i, j).Show()
            chks(i, j).Tag = 0                           '0 表示没有雷
            Me.Controls.Add(chks(i, j))
        Next
    Next
    '随机布 10 个雷
    Dim col, row As Integer
    Randomize()
    j = 0 '用来计数
    Do While j <= 9
        col = Math.Floor(Rnd() * 9)
        row = Math.Floor(Rnd() * 9)
        If chks(row, col).Tag = 0 Then
            chks(row, col).Tag = 9         '9 表示有雷
            j = j + 1
        End If
    Loop
End Sub
```

3. 实现扫雷和标雷的功能

单击任意复选框时，若是雷，则程序结束；若不是雷，不在该复选框上显示其周边的雷的个数；右击任意复选框为标雷。程序代码如下：

```
Private Sub ChksMouseUp (ByVal sender As System.Object, ByVal e As Windows.Forms.MouseEventArgs)
    Dim i, j As Integer
    Dim chk As CheckBox = sender
    Dim row As Integer = chk.Top \ 20
    Dim col As Integer = chk.Left \ 20
    If e.Button = Windows.Forms.MouseButtons.Left Then  '如果是左键单击
        chk.Enabled = False
        chk.Checked = True
        chk.FlatStyle = FlatStyle.Popup         '三维复选框按钮改成平面效果
        If chk.Tag = 9 Then                      '该复选框为"雷"，扫雷失败
```

```vb
            For i = 0 To 8
                For j = 0 To 8
                    chks(i, j).Enabled = False
                Next
            Next
            Label1.ForeColor = Color.Red
            Label1.Text = "扫雷失败单击开始按钮再来一次"
        Else
            '该复选框不是"雷",调用自动打开连续无雷区的函数
            chk.Text = AutoOpen(row, col)
        End If
        Call issucceed()                                    '调用是否扫雷成功过程
    Else
        If e.Button = Windows.Forms.MouseButtons.Right Then
            '如果是右击即为标雷,复选框显示"@"表示雷
            chk.Text = "@"
            k += 1
            If k >= 9 Then
                Call issucceed()                            '调用是否扫雷成功过程
            End If
        End If
    End If
End Sub

Sub issucceed()                                             '是否扫雷成功判断
    Dim i, j As Integer
    Dim flag As Boolean
    For i = 0 To 8
        For j = 0 To 8
            If chks(i, j).Text = "" Then flag = True
        Next
    Next
    If Not flag Then
        Label1.ForeColor = Color.Blue
        Label1.Text = "恭喜你,扫雷成功!!!"
    End If
End Sub
```

4. 实现自动打开连续无雷区的功能

自动打开连续无雷区的过程实际上是一个递归过程,程序代码如下:

```vb
Function AutoOpen(ByVal row As Integer, ByVal col As Integer) As Integer
    Dim i, j As Integer
    Dim sum As Integer = 0
    For i = row - 1 To row + 1
        For j = col - 1 To col + 1
            If Not (i > 8 Or i < 0 Or j > 8 Or j < 0) Then
                If chks(i, j).Tag = 9 Then                  '如果是雷的话
                    sum = sum + 1
                End If
```

```
                End If
            Next
        Next
        If sum = 0 Then
            For i = row - 1 To row + 1
                For j = col - 1 To col + 1
                    If Not (i > 8 Or i < 0 Or j > 8 Or j < 0) Then
                        Dim chk As CheckBox = chks(i, j)
                        If chk.Enabled Then
                            chk.Enabled = False
                            chk.Checked = True
                            chk.FlatStyle = FlatStyle.Popup
                            chk.Text = AutoOpen(i, j)        '递归调用函数
                        End If
                    End If
                Next
            Next
        End If
        Return sum
End Function
```

3.2 画图软件

3.2.1 程序功能

本程序将实现一个仿 Windows 的简单的画图软件的任务。运行程序，绘制图形后结果如图 3.2.1 所示。

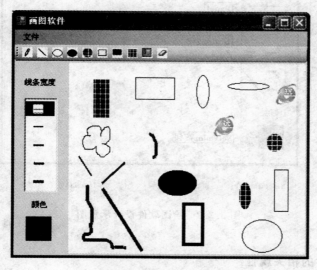

图 3.2.1 绘图软件运行图

（1）分 5 档选择线条宽度，单击选择其中一个会以黑底显示。
（2）单击颜色按钮可以打开颜色对话框设置画笔颜色。
（3）单击工具栏中的图形按钮（铅笔、直线、空心椭圆、实心椭圆、风格椭圆、空心矩形、实心矩形、风格矩形、图标）表示画对应的图形。
（4）在右边画布上拖动鼠标完成画图。
（5）工具栏中还有橡皮按钮，可以完成擦除部分图形。
（6）文件菜单下包括"新建"（清除画布）和"退出"命令。

3.2.2 程序分析与代码

1. 界面设计

在窗体上添加一个 MenuStrip 菜单控件，用于文件（新建、退出、操作）菜单；一个 ToolStrip 工具栏控件；一个用作绘图板的 PictureBox 图片框控件；两个让用户选择颜色和线条宽标志的 Lable 控件；一个用作线条宽度选择面板的 Panel 控件；有 5 个让用户选择线条宽度的 button 控件；用于显示颜色的 button 按钮；一个 ImageList 控件，用于保存显示在 Button1～5 线条宽度按钮上的图。调整窗体上各控件的大小及位置，如图 3.2.2 所示。

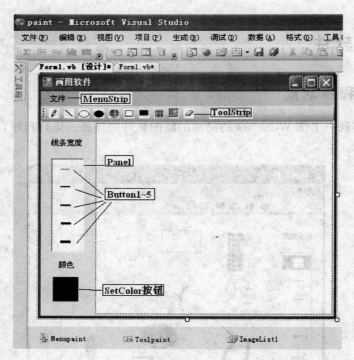

图 3.2.2 绘图软件设计示意图

2. 设置各控件的相关属性

设置各控件的相关属性，如表 3.2.1 所示。

表 3.2.1　画图软件各控件属性设置

控件类别	属性名	属性值
Form	text	画图软件
MenuStrip	name	Menupaint
ToolStripMenuItem	Name	Mfile
	text	文件(&F)
ToolStripMenuItem	Name	Mnew
	text	文件(&N)
ToolStripMenuItem	Name	Mexit
	text	文件(&E)
ToolStrip	Name	Toolpaint
ToolStripButton	Name	Tpencil
	Text	铅笔
	Image	相对应的图片(以下不列出)
ToolStripButton	Name	Tline
	text	直线
ToolStripButton	Name	Tellipse
	text	椭圆
ToolStripButton	Name	Tfillellipse
	text	填充椭圆
ToolStripButton	Name	Tstyleellipse
	text	风格椭圆
ToolStripButton	Name	Trec
	text	矩形
ToolStripButton	Name	Tfillrec
	text	填充矩形
ToolStripButton	Name	Tstylerec
	text	风格矩形
ToolStripButton	Name	Ticon
	text	图标
ToolStripButton	Name	Teraser
	text	橡皮
PictureBox	Picpaint	Picpaint
ImageList	Name	ImageList1
	Images	成员(M): 0 LINE1.bmp　1 line2.bmp　2 LINE3.bmp　3 line4.bmp　4 line5.bmp
PictureBox	Name	Picpaint
	Backcolor	White
label	text	线条宽度
label	text	颜色
Panel	BorderStyle	Fixed3D
	Backcolor	White

续表

控件类别	属性名	属性值
5个Button	Name	Button1～Button5
	Text	
	FlatAppearance.BorderSize	0
	FlatStyle	Flat
	ImageList	ImageList1
	ImageIndex	0～4
	Tag	1～5
Button	Name	SetColor
	Text	
	Backcolor	Blue
	FlatStyle	Flat

3. 代码设计

(1) 引入命名空间：

```
Imports System.Drawing.Drawing2D
```

(2) 在Form1类里定义全局变量和PicSelect枚举结构：

```
Private g As Graphics                        '绘图句柄
Private pstart As Point, pend As Point       '定义画图的起始点、终点
Private PicChoice As Integer                 '图形选择
Private PWidth As Integer                    '画笔宽度
Private PicIcon As Icon                      '图标选择
Private Enum PicSelect                       '选择图形类别枚举
    Pencil                                   '铅笔
    Line                                     '直线
    Ellipse                                  '椭圆
    FillEllipse                              '填充椭圆
    StyleEllipse                             '风格椭圆
    Rec                                      '矩形
    FillRec                                  '填充矩形
    StyleRec                                 '风格矩形
    Icon                                     '图标
    Eraser                                   '橡皮
End Enum
```

(3) 在Form1的Load事件中初始化全局变量和Graphics对象：

```
Private Sub Form1_Load(...) Handles MyBase.Load
    g = Me.Picpaint.CreateGraphics            '获取Picpaint图片框的绘图句柄
    PicChoice = PicSelect.Pencil              '默认选择选铅笔作为绘图工具
    PWidth = 1                                '初始化画笔宽度
End Sub
```

(4) 定义转换坐标起点和终点的过程 Convert_Point()。转换坐标起始点和终点,确保起始点始终在终点的左上方,代码如下:

```
'确保起始点坐标位于左上角,结束点坐标位于右下角
Private Sub Convert_Point()
    Dim ptemp As Point              '用于交换的临时点
    If pstart.X < pend.X Then
        If pstart.Y > pend.Y Then
            ptemp.Y = pstart.Y
            pstart.Y = pend.Y
            pend.Y = ptemp.Y
        End If
    Else
        If pstart.Y < pend.Y Then
            ptemp.X = pstart.X
            pstart.X = pend.X
            pend.X = ptemp.X
        Else
            ptemp = pstart
            pstart = pend
            pend = ptemp
        End If
    End If
End Sub
```

(5) 为工具栏 Toolpaint 的 ItemClick 事件编写代码:

```
Private Sub Toolpaint_ItemClicked(...) Handles Toolpaint.ItemClicked
'获取发生事件的索引号
Me.PicChoice = Me.Toolpaint.Items.IndexOf(e.ClickedItem)
If PicChoice = PicSelect.Icon Then
    '如果选择的是图标,则打开 OpenFileDialog 选取图标
    Dim dlgOpen As New OpenFileDialog
    dlgOpen.FileName = "*.ico"
    dlgOpen.Filter = "图标文件|*.ico"
    If dlgOpen.ShowDialog = Windows.Forms.DialogResult.OK Then
        PicIcon = New Icon(dlgOpen.FileName)
    End If
End If
End Sub
```

(6) 为 btnSetColor 控件的 Click 事件,编写代码,选择画笔颜色,代码如下:

```
Private Sub SetColor_Click(...) Handles SetColor.Click
'打开"颜色"对话框
Dim dlgColor As New ColorDialog
If dlgColor.ShowDialog = Windows.Forms.DialogResult.OK Then
    Me.SetColor.BackColor = dlgColor.Color
End If
```

End Sub

(7) 编写选择线条宽度的共享事件过程 btnLines_Click()代码：

```vb
Private Sub Button1_Click(...) Handles Button1.Click, Button2.Click, Button3.Click, Button4.Click, Button5.Click
    '把所有按钮的背景色都设为 White
    Me.Button1.BackColor = Color.White
    Me.Button2.BackColor = Color.White
    Me.Button3.BackColor = Color.White
    Me.Button4.BackColor = Color.White
    Me.Button5.BackColor = Color.White
    '用户选中的按钮背景色为 Black
    CType(sender, Button).BackColor = Color.Black
    '把画笔宽度设为用户选择按钮的 Tag 值
    PWidth = CType(sender, Button).Tag
End Sub
```

(8) 为 PictrueBox 的 Click(鼠标单击)事件编写代码：

```vb
Private Sub Picpaint_Click(...) Handles Picpaint.Click
    If PicChoice = PicSelect.Icon Then
        g.DrawIcon(PicIcon, pstart.X, pstart.Y) '画图标
    End If
End Sub
```

(9) 为 PictrueBox 的 MouseDown(鼠标单击)事件编写代码。在 Form1 的代码窗口顶部的"对象"下拉列表框中选择 picPaint，然后在右侧的"事件"下拉列表框中选择 MouseDown，此时代码编辑器中已经自动生成了 picPaint_MouseUp 的事件代码，并把鼠标定位于事件过程内部的第一行，在该过程中编写如下代码：

```vb
Private Sub Picpaint_MouseDown(...) Handles Picpaint.MouseDown
    If e.Button = Windows.Forms.MouseButtons.Left Then
        '如果用户按下的是鼠标左键,则将当前点坐标赋给起始点
        pstart.X = e.X
        pstart.Y = e.Y
    End If
End Sub
```

(10) 为 PictrueBox 的 MouseUp(鼠标释放)事件编写代码：

```vb
Private Sub Picpaint_MouseUp(...) Handles Picpaint.MouseUp
    If e.Button = Windows.Forms.MouseButtons.Left Then
'如果用户按下的是鼠标左键,则记录终点坐标
        pend.X = e.X
        pend.Y = e.Y
        '根据保存的 PicChoice 绘制图形
        Select Case PicChoice
            Case PicSelect.Line '用户在工具栏中选择的是铅笔
```

```
            Dim myPen As New Pen(Me.SetColor.BackColor, PWidth)
            g.DrawLine(myPen, pstart, pend)              '根据起点和终点绘制直线

        Case PicSelect.Rec                               '用户在工具栏中选择的是空心矩形
            Convert_Point()                              '转换矩形的起点为其左上点
            Dim myPen As New Pen(Me.SetColor.BackColor, PWidth)
            g.DrawRectangle(myPen, pstart.X, pstart.Y, _
            pend.X - pstart.X, pend.Y - pstart.Y)        '根据起点和终点绘制空心矩形

        Case PicSelect.FillRec                           '用户在工具栏中选择的是填充矩形
            Convert_Point()
            Dim rec As New Rectangle(pstart.X, pstart.Y, _
            pend.X - pstart.X, pend.Y - pstart.Y)
            '根据起点和终点定义矩形
            Dim sbr As New SolidBrush(SetColor.BackColor)  '定义画刷颜色为用户选择的颜色
            g.FillRectangle(sbr, rec)                    '绘制填充矩形

        Case PicSelect.StyleRec                          '用户在工具栏中选择的是风格矩形
            Convert_Point()
            Dim rec As New Rectangle(pstart.X, pstart.Y, _
            pend.X - pstart.X, pend.Y - pstart.Y)
            '根据起点和终点定义矩形
            '定义画刷风格为 Cross 型,前景色为白色,背景色为用户选择
            Dim hbr As New HatchBrush(HatchStyle.Cross, Color.White, SetColor.BackColor)
            g.FillRectangle(hbr, rec)                    '用画刷风格矩形

        Case PicSelect.Ellipse                           '用户在工具栏中选择的是空心椭圆
            Convert_Point()
            Dim pen1 As New Pen(SetColor.BackColor, PWidth)
            g.DrawEllipse(pen1, pstart.X, pstart.Y, _
            pend.X - pstart.X, pend.Y - pstart.Y)'根据椭圆外接矩形的起点和终点绘制椭圆()

        Case PicSelect.FillEllipse                       '用户在工具栏中选择的是填充椭圆
            Convert_Point()
            Dim rec As New Rectangle(pstart.X, pstart.Y, _
            pend.X - pstart.X, pend.Y - pstart.Y)        '定义椭圆的外接矩形
            Dim sbr As New SolidBrush(SetColor.BackColor) '定义画刷颜色为用户选择的颜色
            g.FillEllipse(sbr, rec)                      '用画刷填充椭圆

        Case PicSelect.StyleEllipse                      '用户在工具栏中选择的是风格椭圆
            Convert_Point()
            Dim rec As New Rectangle(pstart.X, pstart.Y, _
             pend.X - pstart.X, pend.Y - pstart.Y)       '定义椭圆的外接矩形
            '定义画刷风格为 Cross 型,前景色为白色,背景色为用户选择
            Dim hbr As New HatchBrush(HatchStyle.Cross, Color.White, SetColor.BackColor)
            g.FillEllipse(hbr, rec)                      '用画刷风格椭圆
    End Select
```

        End If
    End Sub

(11) 为 PictrueBox 的 MouseMove(鼠标移动)事件编写代码：

```
Private Sub Picpaint_MouseMove(...) Handles Picpaint.MouseMove
    If e.Button = Windows.Forms.MouseButtons.Left Then
        '如果用户按下的是鼠标左键,根据保存的 PicChoice 绘制图形
        Select Case PicChoice
            Case PicSelect.Pencil           '用户在工具栏中选择的是铅笔
                Dim pen1 As New Pen(SetColor.BackColor, PWidth)
                pend.X = e.X
                pend.Y = e.Y
                g.DrawLine(pen1, pstart, pend)
                pstart = pend               '将已经绘制的终点作为下一次绘制的起点
            Case PicSelect.Eraser           '用户在工具栏中选择的是橡皮
                Dim myPen As New Pen(Color.White, PWidth)
                '定义白色画笔作为擦除效果
                pend.X = e.X
                pend.Y = e.Y
                g.DrawLine(myPen, pstart, pend)
                pstart = pend               '将已经绘制的终点作为下一次绘制的起点
        End Select
    End If
End Sub
```

(12) 为"新建"命令 mnew 的 Click 事件编写代码：

```
Private Sub mnew_Click(...) Handles mnew.Click
    Me.Picpaint.Refresh()
End Sub
```

(13) 为"退出"命令 mexit 的 Click 事件编写代码：

```
Private Sub mexit_Click(...) Handles mexit.Click
    Application.Exit()
End Sub
```

3.3 MP3 播放器

3.3.1 程序功能

编写一个 MP3 播放器,该程序可以完成以下功能：
(1) 程序运行初始状态可以使用"打开 MP3 文件"和"退出"两个按钮,参见图 3.3.1。
(2) 单击"选择 MP3 文件",会弹出"打开文件"对话框,选择 MP3 文件,参见图 3.3.2。单击"打开"按钮后,"播放"、"暂停"、"停止"按钮就都可用了。

图 3.3.1　程序运行初始状态

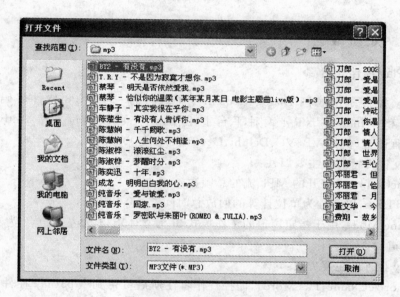

图 3.3.2　"打开文件"对话框

（3）单击"播放"按钮,开始播放 MP3 音乐文件,同时"播放时间"标签显示的是动态的时间；"总时间"标签显示的是总共播放所需的时间；播放音乐的路径和 MP3 文件的总帧数也显示,如图 3.3.3 所示。

（4）单击"暂停"按钮,可以暂停播放,播放时间等不变,再次单击"播放"按钮可继续播放音乐。

（5）单击"停止"按钮,停止播放音乐,界面恢复成程序运行初始状态。

（6）播放时,可通过左右声道垂直滚动条调整声音大小,也可通过水平滚动条实现定点播放音乐。

（7）播放结束后,"播放"、"暂停"、"停止"按钮都不可用,如图 3.3.4 所示；可以打开另一 MP3 文件播放,也可以退出程序。

图 3.3.3　播放过程中状态　　　　　　图 3.3.4　播放停止后状态

3.3.2　知识准备

1. Mp3Play 控件介绍

Mp3Play 控件是由德国 Dialog Dedien 公司编写的一个 MP3 软件解码器，它能在 Windows 9x 和 Windows NT 4 两种平台上工作，用户可以通过支持 ActiveX 控件的 Windows 编程语言（例如 VB、VC、Delphi、C++ Builder 等）来调用它。

Mp3Play 控件特有的主要属性：

- FrameCount，已打开的 MP3 流的总帧数。
- TotalTime，以毫秒为单位计算的回放总时间。
- ChannelMode，用于指定声道的工作模式，0 为立体声，1 为左声道，2 为右声道，3 为单声道。

Mp3Play 控件的主要方法：

- Authorize(Name,Password)，向控件作者注册后可得到 Mp3Play 控件的使用授权号，非注册版本只能播放 MP3 文件的前 30 秒，该方法把授权号输入给控件后，如果授权号与用户名合法，控件将返回 0，否则返回 5。
- Open(Inputfile,Outputfile)，打开 Inputfile 指定的 MP3 文件，如果 Outputfile 为空，解码结果直接通过声卡播放出来，如果 Outputfile 是一个合法的文件名，解码结果将以 WAVE 格式存放在指定的文件中。
- Play()，开始播放已打开的 MP3 文件。
- Seek(Frame)，跳至指定的帧号。
- Pause()，暂停播放，再次调用时恢复播放。
- Stop()，停止播放。
- Close()，关闭 MP3 文件。
- GetVolumeLeft()和 GetVolumeRight()，返回左右声道的音量大小，值的范围为 0～65 536。
- GetVolumeLeftP()和 GetVolumeRightP()，以百分比的形式返回左右声道的音量大小。

- SetVolume()和 SetVolumeP(),设置系统播放 WAVE 音频数据时的音量大小。

2. 注册 Mp3Play 控件

由于 Mp3Play 控件没有自带安装程序,所以在使用它之前需要手工把它注册到 Windows 的注册表中:首先把 Mp3Play.ocx 复制到 Windows 的系统目录下,然后通过"开始"菜单的"运行"命令调用"进行"对话框输入 regsvr32 mp3play.ocx,当 regsvr32 报告注册成功后,就可以使用 Mp3Play 控件了。

3.3.3 实现过程

1. 新建 VB .NET 项目

打开 Visual Studio.NET,选择"新建项目",在项目类型窗口中选择 Visual Basic,在模板窗口中选择"Windows 应用程序",在"名称"文本框中输入 Mp3Play,然后选择保存路径。单击"确认"按钮。

2. 添加 Mp3Play 控件

在 Visual Studio.NET 中选择"工具"|"选择工具箱项"命令,弹出"选择工具箱项"对话框,单击"COM 组件"选项卡,在名称中查找并选中"Dialog-Medien Mp3Play Control"控件,如图 3.3.5 所示,单击"确定"按钮。工具箱中就多一个"Dialog-Medien Mp3Play Control"控件了。添加该控件到窗体中,默认名称为"Ax Mp3Play1",本例改名为"Mp3Play1"。

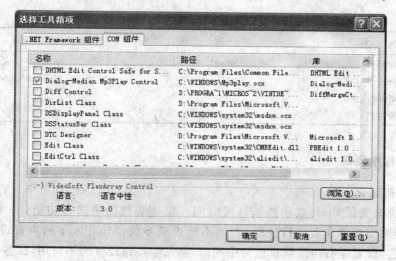

图 3.3.5 "选择工具箱项"对话框

3. 添加其他控件

向当前窗体添加 1 个 Panel 控件,当作容器用来显示背景图片;添加 6 个 Label 控件,其中 2 个"左"和"右"作为说明之用,表示左声道和右声道,其余 4 个分别用于显示 MP3 文件的播放时间、总时间、总帧数和文件名称;再添加 1 个 OpenFileDialog 控件、2 个

VScrollBar 垂直滚动条、1 个 HScrollBar 水平滚动条控件、5 个 Button 按钮和 1 个 Timer 控件。设计界面如图 3.3.6 所示。

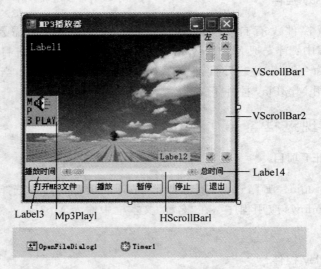

图 3.3.6　MP3 播放器设计界面

4. 设置控件属性

切换到属性窗口,对窗体上的控件设置属性如表 3.3.1 所示。

表 3.3.1　属性表

控　件	属　性	值
Timer1	interval	1000
Label1	BackColor	Transparent
Mp3play1	Visible	False
其余控件	根据界面设置即可	

5. 添加程序代码

1) 程序初始化

定义模块级变量 time,表示播放计时时间。窗体装载模块进行初始化:程序启动时,Mp3Play1 必须向控件作者进行注册,否则不能正确播放,Mp3Play1 的声音设置成用水平滚动条控制它,设置左右声道默认值为中间值,将几个按钮设置为不可用,标签内容清空。

程序代码如下:

```
Dim time As Long                                        '播放计时
Private Sub Form1_Load(...) Handles MyBase.Load
    Mp3Play1.Authorize("LightBringer", "1441658209")    '注册程序
    VScrollBar1.Value = 50
    VScrollBar2.Value = 50
    ' 在没有选择 mp3 文件之前,令播放、暂停、停止按钮不可用
```

```
        Button2.Enabled = False
        Button3.Enabled = False
        Button4.Enabled = False
        Label1.Text = ""
        Label2.Text = ""
        Mp3Play1.SetVolume ( Mp3Play1.GetVolumeLeft * VScrollBar1.Value / 100, Mp3Play1.
GetVolumeRight * VScrollBar2.Value / 100)
    End Sub
```

2）选择 MP3 文件

利用通用对话框中的"打开文件对话框"打开 MP3 文件，准备播放，如果没有选择任何文件，则提示。获取 MP3 文件的总帧数、总播放时间，设置水平滚动条最大值，启用原来不能使用的按钮等。

程序代码如下：

```
Private Sub Button1_Click(...) Handles Button1.Click
    Dim totaltimes As Integer
    OpenFileDialog1.FileName = "*.mp3"
    OpenFileDialog1.Title = "打开文件"
    OpenFileDialog1.Filter = "MP3 文件(*.MP3)|*.mp3"
    If (OpenFileDialog1.ShowDialog() = Windows.Forms.DialogResult.OK) Then
        If Len(OpenFileDialog1.FileName) = 0 Then Exit Sub
        Err.Number = Mp3Play1.Open(OpenFileDialog1.FileName, "")
        '取得 MP3 文件的总时间
        totaltimes = Mp3Play1.TotalTime
        Label4.Text = Str(totaltimes \ 60000) & "分" & Str(Int((totaltimes Mod 60000) / 1000)) & "秒"
            Label1.Text = OpenFileDialog1.FileName
            HScrollBar1.Value = 0
            '取得 MP3 文件的总帧数
            HScrollBar1.Maximum = Mp3Play1.FrameCount + 9
            Label2.Text = "共" & HScrollBar1.Maximum & "帧"
            Button2.Enabled = True
            Button3.Enabled = True
            Button4.Enabled = True
            time = 0
    Else
            MsgBox("没有选择文件,请选择!",,"请选择 mp3 文件")
        End If
End Sub
```

3）开始播放

利用 Mp3Play 控件的 play 方法来播放音乐。同时将计时器开启。程序代码如下：

```
Private Sub Button2_Click(...) Handles Button2.Click
    Mp3Play1.Play()
    Timer1.Enabled = True
End Sub
```

4) 暂停播放

利用 Mp3Play 控件的 Pause 方法来暂停播放。同时将计时器关闭。程序代码如下：

```
Private Sub Button3_Click(...) Handles Button3.Click
    Mp3Play1.Pause()
    Timer1.Enabled = False
End Sub
```

5) 停止播放

利用 Mp3Play 控件的 Stop 方法停止播放音乐，同时将界面恢复成程序运行初始状态。

程序代码如下：

```
Private Sub Button4_Click(...) Handles Button4.Click
    Mp3Play1.Stop()
    Timer1.Enabled = False
    HScrollBar1.Value = 0
    Button2.Enabled = False
    Button3.Enabled = False
    Button4.Enabled = False
    Label1.Text = ""
    Label2.Text = ""
    Label3.Text = "播放时间"
    Label4.Text = "总时间"
End Sub
```

6) 改变左右声道的音量

滚动左右声道滚动条时，控制播放声音大小，两个滚动条共享事件。利用 Mp3Play 控件的 SetVolume 方法来设置音量。VScrollBar1.Value 最大值为 100，所以要除以 100。

程序代码如下：

```
Private Sub VScrollBar1_Scroll(...) Handles VScrollBar1.Scroll, VScrollBar2.Scroll
        Mp3Play1.SetVolume(Mp3Play1.GetVolumeLeft * VScrollBar1.Value / 100, Mp3Play1.GetVolumeRight * VScrollBar2.Value / 100)
End Sub
```

7) 改变播放 mp3 文件的位置

水平滚动条控制播放文件的位置，利用 Mp3Play 控件的 Seek 方法来寻找定位播放位置，并播放。此时播放时间要重新计算，开启计时器。

程序代码如下：

```
Private Sub HScrollBar1_Scroll(...) Handles HScrollBar1.Scroll
    Mp3Play1.Seek(HScrollBar1.Value)
    Mp3Play1.Play()
    time = HScrollBar1.Value * Mp3Play1.TotalTime \ Mp3Play1.FrameCount
    Timer1.Enabled = True
End Sub
```

8)动态显示播放时间并且变化水平滚动条的值

使用计时器事件来动态显示时间并且改变水平变化滚动条位置。水平滚动条的增量要经过计算,播放时间也要经过转换后显示出来。

程序代码如下:

```
Private Sub Timer1_Tick(...) Handles Timer1.Tick
    If HScrollBar1.Value >= HScrollBar1.Maximum - Mp3Play1.FrameCount / (Mp3Play1.TotalTime \ 1000) Then '如果播放已经结束
        Timer1.Enabled = False
        Button2.Enabled = False
        Button3.Enabled = False
        Button4.Enabled = False
    Else
        HScrollBar1.Value += Mp3Play1.FrameCount / (Mp3Play1.TotalTime \ 1000)
        time = time + 1000       '每1秒,加1000毫秒
        Label3.Text = Str(time \ 60000) & "分" & Str(Int((time Mod 60000) / 1000)) & "秒"
    End If
End Sub
```

3.4 发送和接收电子邮件

3.4.1 程序功能

制作一个能够发送和接收电子邮件的应用程序,该程序可以完成以下功能。

(1)程序运行后,先进入"发送邮件"窗体,输入收件人邮件地址、主题和内容后(见图3.4.1),单击"发送"按钮,会弹出"一程序正试图以你的名义发送下面的邮件"提示框,如图3.4.2所示,单击"发送"按钮可发送新邮件。

图3.4.1 发送邮件界面

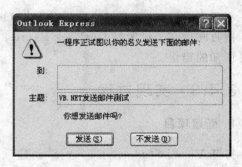

图3.4.2 发送邮件提示框

(2)单击"发送邮件"界面中的"我要接收"链接,即可切换到"接收邮件"窗体界面。

(3)接收界面中,选中"新邮件"复选框,表示只接收新邮件,反之则接收所有邮件。单击"开始收取"按钮后,邮件主题被列在组合框中。选取不同的邮件主题可以显示相对应的

邮件内容信息,如图 3.4.3 和图 3.4.4 所示。

(4) 单击"接收邮件"界面中的"我要发送"链接,即可切换到"发送邮件"窗体界面。

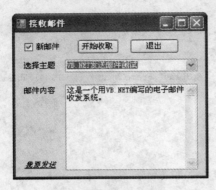
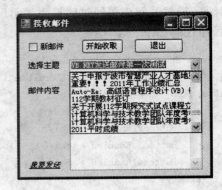

图 3.4.3　接收新邮件界面　　　　　图 3.4.4　接收邮件界面

3.4.2　知识准备

1. MAPI 介绍

在 VB.NET 中,应用程序可以通过调用 Microsoft 公司的 MAPI(Messaging Application Programming Interface,消息应用程序编程接口),实现收发电子邮件的功能。

MAPI 会话控件用于建立和控制一个 Microsoft Mail 会话,MAPI 消息控件用于创建和收发邮件消息。

使用 MAPI 控件时,一般都先使用 MAPISession 控件建立 MAPI 会话,然后使用 MAPIMessage 控件来进行有关邮件的各种操作。最后,使用 MAPISession 控件来退出 MAPI 会话。此外,程序必须运行在采用遵从 MAPI 的消息系统(如 Microsoft Exchange、Microsoft Mail、Outlook 等)的环境中。

2. 环境设置

本程序运行时,发送邮件必须设置好 OutLook Express 中的 Smtp 服务方可使用本程序。接收邮件必须设置好 OutLook Express 中的 POP3 服务方可适用本程序。否则会出现不可预知的错误。

3.4.3　实现过程

1. 新建项目

打开 Visual Studio.NET,选择"新建项目"命令,在项目类型窗口中选择 Visual Basic 选项,在模板窗口中选择"Windows 应用程序"选项,在名称域中输入 Mail,然后选择保存路径。单击"确认"按钮。

2. 发送邮件窗体设计

向窗体上添加 3 个 Label 控件,起说明的作用;1 个 Label 控件用于切换界面。3 个

TextBox 控件分别用于显示收件人的邮件地址、邮件的主题和内容。2 个 Button 控件用来发送邮件和退出。

最后添加 Microsoft MAPI Session Control 和 Microsoft MAPI Message Control 控件：
- 在 Visual Studio.NET 选择"工具"|"选择工具箱项"命令，弹出"选择工具箱项"对话框。
- 单击"COM 组件"选项卡，名称中查找并选中 Microsoft MAPI Messages Control 和 Microsoft MAPI Session Control 选项，单击"确定"按钮。工具箱中就有这两控件了。
- 使用工具箱加入这两控件到窗体中。

发送邮件窗体设计界面如图 3.4.5 所示。

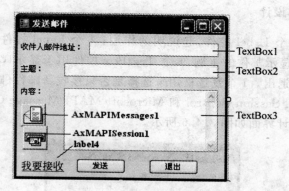

图 3.4.5　发送邮件窗体设计界面

3. 发送邮件程序代码

```
Public Class sendmail
    '发送按钮单击事件
    Private Sub Button1_Click(...) Handles Button1.Click
        If TextBox1.Text = "" Or TextBox2.Text = "" Then
            MsgBox("请输入完整",,"发送邮件")
        Else
            AxMAPISession1.SignOn()       '启动 MAPI 会话
            AxMAPIMessages1.MsgIndex = -1                         '建立发送缓冲区
            AxMAPIMessages1.RecipDisplayName = TextBox1.Text      '收件人地址
            AxMAPIMessages1.MsgSubject = TextBox2.Text            '邮件主题
            AxMAPIMessages1.MsgNoteText = TextBox3.Text           '邮件全文
            AxMAPIMessages1.SessionID = AxMAPISession1.SessionID  '会话的句柄
            AxMAPIMessages1.Send()                                '发送
            MsgBox("邮件发送完毕!",,"发送邮件")                    '发送成功提示
            TextBox2.Text = ""
            TextBox3.Text = ""
            AxMAPISession1.SignOff()                              '关闭 MAPI 会话
        End If
    End Sub
```

```
'"我要接收"标签单击事件
Private Sub Label4_Click(...) Handles Label4.Click    '切换到接收邮件界面
    receivemail.Show()                                '显示接收邮件窗体
    Me.Hide()                                         '隐藏发送邮件窗体
End Sub

'退出按钮单击事件
Private Sub Button2_Click(...) Handles Button2.Click
    End
End Sub
End Class
```

4. 接收邮件窗体设计

向窗体上添加 2 个 Label 控件，起说明的作用；1 个 Label 控件用于切换界面。1 个 ComboBox 控件用于显示邮件的主题，1 个 TextBox 控件用于显示邮件内容。2 个 Button 控件用于收取邮件和退出。1 个复选框用来选择是否只接收新邮件（默认要求选中）。最后添加 Microsoft MAPI Session Control 和 Microsoft MAPI Message Control 控件。

接收邮件窗体设计界面如图 3.4.6 所示。

图 3.4.6 接收邮件窗体设计界面

5. 接收邮件程序代码

```
Public Class receivemail
'"开始收取"按钮单击事件
Private Sub Button1_Click(...) Handles Button1.Click
    AxMAPISession1.SignOn()
    AxMAPIMessages1.SessionID = AxMAPISession1.SessionID
    Call FetchNewMail()
    If ComboBox1.Items.Count = 0 Then
        MsgBox("没接收到新邮件",,"接收邮件")
    Else
        MsgBox("邮件接收完毕!",,"接收邮件")
    End If
```

```vb
    End Sub

        '接收邮件过程
    Public Sub FetchNewMail()
            Dim number As Short
            On Error GoTo errhandle
            AxMAPIMessages1.Fetch()
            ComboBox1.Items.Clear()
            number = 0
            If AxMAPIMessages1.MsgCount > 0 Then
                Do
                    AxMAPIMessages1.MsgIndex = number
                    ComboBox1.Items.Add(AxMAPIMessages1.MsgSubject)
                    number = number + 1
                Loop Until number = AxMAPIMessages1.MsgCount
            End If
            Exit Sub
errhandle:
            MsgBox("错误: " & Err.Description)
    End Sub

        '选择主题下拉框事件
    Private Sub ComboBox1_SelectedIndexChanged(...) Handles ComboBox1.SelectedIndexChanged
            AxMAPIMessages1.MsgIndex = ComboBox1.SelectedIndex    '电子邮件序号
         TextBox1.Text = AxMAPIMessages1.MsgNoteText              '电子邮件全文
    End Sub

        '"我要发送"标签单击事件
    Private Sub Label3_Click(...) Handles Label3.Click            '切换到发送邮件界面
            Me.Hide()                                             '隐藏发送邮件窗体
            AxMAPISession1.SignOff()
            sendmail.Show()                                       '显示发送邮件窗体
        End Sub


    Private Sub Button2_Click(...) Handles Button2.Click
            End
        End Sub


    Private Sub CheckBox1_CheckedChanged(...) Handles CheckBox1.CheckedChanged
            If CheckBox1.Checked Then                             '选中的话,只接收新邮件
                AxMAPIMessages1.FetchUnreadOnly = True
            Else
                AxMAPIMessages1.FetchUnreadOnly = False
            End If
        End Sub

    Private Sub receivemail_Load(...) Handles MyBase.Load
```

```
            AxMAPIMessages1.FetchUnreadOnly = True        '初始设置成只接收新邮件
            CheckBox1.Checked = True
        End Sub
    End Class
```

3.5 考试系统

3.5.1 程序功能

制作一个考试系统,使用计算机实现考试过程并能自动阅卷。该程序可以完成以下功能:

(1)考试试题存储在数据库中,通过控件绑定到考试界面的相应控件中显示给考生。试卷的试题是教师事先准备和按照一定的格式录入数据库的。

(2)本系统只提供单选试题,其余类型的客观题的处理方式类似。

(3)登录考试系统时,只有用户名和密码正确才能登录考试系统,并能够进行考试,反之不能登录系统。登录后要求在窗体标题中显示考试用户。

(4)考试前可以设置考试时间和考试题目数量。也可以直接开始考试。

(5)考试时,用户可以通过单击选择按钮来试题作答。答题过程中,有时间倒计时显示。考试后可以主动交卷。

(6)当考试剩余时间只剩5分钟时,出现交卷提示信息,当剩余时间没有时,自动交卷。

(7)一旦递交试卷,学生本次考试不能继续进行,答题内容不能修改。但可以先递交,在注销用户后,重新登录重新进行考试。

(8)提交试卷后,系统能够自动评阅试卷,节省教师阅卷的环节,也避免了阅卷过程的偶然错误。

(9)阅卷完毕后,还可以查询显示用户做错的题目,并且可以当场自己订正,界面显示对错。

(10)可以将用户的考试成绩、考试完成时间等保存到文件中,可以查看成绩。

3.5.2 结构和设计过程

1. 考试系统结构

考试系统主要包括主界面、登录、设置、考试、阅卷、错误查看、成绩查看等窗体模块,还有变量定义模块主要用来定义模块间共用的变量。主界面是一个 MDI 窗体,其菜单包含系统管理(登录、注销、退出)、考试管理(开始考试、设置)、阅卷管理(阅卷、错误查看、成绩查看),其余窗体都是主界面的子窗体。

2. 数据库准备

在 VB.NET 平台上利用 ADO.NET 访问模型设计考试系统数据库应用程序,首先需要设计数据库信息。

考试系统应准备试题库数据库 exam.mdb，其中有题目（题号，题目，A，B，C，D，答案，分值）数据表，如图 3.5.1 所示。还有用户（用户名，密码）数据表。

题目

题号	题目	A	B	C	D	答案	分值
1	遇后车发出超车信号后，只要具备让超条件	迅速减速或	让出适当空间加速	主动减速并示意后	靠道路右侧加速行	C	5
2	行车中，遇非机动车抢行时，应___。	鸣喇叭警告	加速通过	主动减速让行	临近时突然加速	C	5
3	火药、炸药和起爆药属于___。	氧化性物质	易燃固体	爆炸品	自燃物品	C	5
4	行车中遇儿童时，应当___。	鸣喇叭示意	减速慢行，必要时	迅速从一侧通过	加速绕行	B	5
5	夜间行车中，前方出现弯道时，灯光照射__	距离不变	由高变低	离开路面	由路中移到路侧	D	5
6	在暴雨天气驾车，刮水器无法刮净雨水时，	减速行驶	集中注意力谨慎驾	立即减速靠边停驶	以正常速度行驶	C	5
7	在没有中心线的道路上超车时，应开启左转	借人行道	鸣喇叭后迅速从两	从被超车右侧	从被超车左侧	D	5
8	交通信号灯红灯亮时，表示___。	准许通行	禁止通行	警示慢行	停车让行	B	5
9	车辆速度___时，紧急制动易导致侧滑或甩	超过每小时6	低于每小时60公里	低于每小时40公里	低于每小时30公里	A	5
10	行车中突遇对方车辆强行超车，占据自己车	加速行驶	尽可能减速避让、	保持原车速行驶	挡住其去路	B	5

图 3.5.1　题目表

3. 指定数据源

(1) 新建项目“考试系统”，在 VB.NET 开发界面中选择“数据”|“添加新数据源”命令，出现“数据源配置向导”对话框，选择“数据库”选项，单击“下一步”按钮。

(2) 单击“新建连接”按钮，弹出“添加连接”对话框，如图 3.5.2 所示。单击“更改”按钮，选择数据源“Microsoft Access 数据库文件”。单击“浏览”按钮，找到准备好的数据库文件。单击“确定”按钮，单击“下一步”按钮。

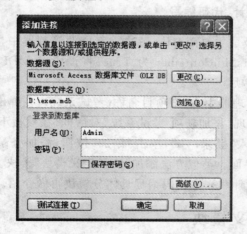

图 3.5.2　“添加连接”对话框

(3) 打开“您选定的连接所使用的本地数据文件不在当前项目中。要将该文件复制到项目中并修改连接吗?”信息框，单击“是”按钮，单击“下一步”按钮。

(4) 打开“数据源配置向导”中的选择数据库对象界面，选中“表”复选框，指定“DataSet 名称”后，这里名称使用默认的 examDataSet，如图 3.5.3 所示。单击“完成”按钮。

指定好数据源以后，在项目设计界面中将出现数据源一栏，根据应用程序需要，在数据源中直接将所需的数据属性名拖放至窗体上，这样就建立了窗体数据控件和数据库之间的联系，也就是说，后台数据库的信息在前台可以通过文本框等控件直接显示出来。

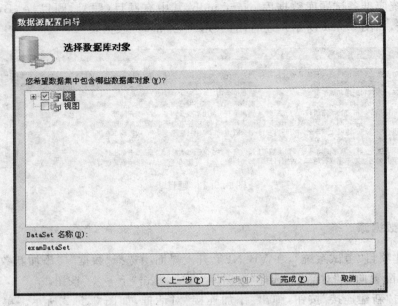

图 3.5.3 "选择数据库对象"界面

4. 窗体添加、界面设计、代码编写

(1) 将 Form1 窗体改成主界面窗体,解决方案资源管理器中,将 Form1.vb 改名为"主界面.vb";设置其属性 IsMdiContainer 为 True,将设置成 MDI 主窗体。添加菜单控件 MenuStrip1 等,设计菜单项。

(2) 解决方案资源管理器中,右击项目名称(考试系统),在弹出的快捷菜单中,选择"添加"|"Windows 窗体",出现"添加新项-考试系统"对话框,在模板下选择"Windows 窗体"选项,在"名称"文本框中输入"登录.vb",单击"添加"按钮,添加登录窗体。同样方法添加其他窗体。设计各个窗体界面。类似方法添加"变量定义模块"模块。

(3) 窗体控件界面设计和程序代码编程具体分模块再做介绍。

3.5.3 变量定义模块

为了在不同窗体模块中共享变量,特创建"变量定义模块",程序代码如下:

```
Module 变量定义模块
    Public answer(100) As String               '用户答案
    Public score(100) As Integer               '得分
    Public totalscore As Integer               '总分
    Public user As String                      '用户名
    Public totaltime As Integer = 360          '考试的总时间
    Public time As Date                        '考试结束时间
    Public count As Integer                    '考试的总题数
End Module
```

3.5.4 主界面窗体模块

主界面窗体模块主要负责进入系统登录界面，系统注销、进入考试答题界面、成绩查看、错误查看等界面，主要用菜单来实现，设计界面如图3.5.4所示。

主界面窗体模块主要是调用其他窗体，运行开始时"系统管理"菜单(包括"登录"、"注销"和"退出"命令)可以使用，但"考试管理"和"阅卷管理"菜单是不能使用的，如图3.5.5所示。

图3.5.4 主界面窗体模块设计组合界面

图3.5.5 考试系统开始界面

主界面窗体模块代码如下：

```
Public Class 主界面

    Private Sub 主界面_Load(...) Handles MyBase.Load
        考试管理 ToolStripMenuItem.Enabled = False      '将考试管理设置成不能用
        阅卷管理 ToolStripMenuItem.Enabled = False
    End Sub

    '登录菜单项单击事件
    Private Sub 登录 ToolStripMenuItem_Click(...) Handles 登录 ToolStripMenuItem.Click
        登录.MdiParent = Me                              '将登录界面设置为主界面的子窗体
        登录.Show()                                      '显示登录窗体
    End Sub

    '注销菜单项单击事件
    Private Sub 注销 ToolStripMenuItem_Click(...) Handles 注销 ToolStripMenuItem.Click
        Dim i As Integer
        user = ""
        Me.Text = "考试系统"
        考试管理 ToolStripMenuItem.Enabled = False
        阅卷管理 ToolStripMenuItem.Enabled = False
        For i = 0 To 100                                 '清空数据
            answer(i) = ""
```

```vb
            score(i) = 0
        Next
        MsgBox("已注销,请重新登录")
        登录ToolStripMenuItem.Enabled = True
    End Sub

    '退出菜单项单击事件
    Private Sub 退出ToolStripMenuItem_Click(...) Handles 退出ToolStripMenuItem.Click
        End
    End Sub

    '开始考试菜单项单击事件
    Private Sub 开始考试ToolStripMenuItem_Click(...) Handles 开始考试ToolStripMenuItem.Click
        考试.MdiParent = Me
        考试.Show()
    End Sub

    '设置菜单项单击事件
    Private Sub 设置ToolStripMenuItem_Click(...) Handles 设置ToolStripMenuItem.Click
        设置.MdiParent = Me
        设置.Show()
    End Sub

    '阅卷菜单项单击事件
    Private Sub 阅卷ToolStripMenuItem_Click(...) Handles 阅卷ToolStripMenuItem.Click
        阅卷.MdiParent = Me
        阅卷.Show()
    End Sub

    '错误查看菜单项单击事件
    Private Sub 错误查看ToolStripMenuItem_Click(...) Handles 错误查看ToolStripMenuItem.Click
        错误查看.MdiParent = Me
        错误查看.Show()
    End Sub

    '成绩查看菜单项单击事件
    Private Sub 成绩查看ToolStripMenuItem_Click(...) Handles 成绩查看ToolStripMenuItem.Click
        成绩查看.MdiParent = Me
        成绩查看.Show()
    End Sub
End Class
```

3.5.5 登录窗体模块

登录模块主要是检验用户名和密码是否正确,如果都正确则允许进入考试系统,"考试管理"和"阅卷管理"菜单就可以使用了,登录成功后主界面将显示用户名。

编程时候需要验证用户名和密码是否为数据库中用户表中的合法用户,需将数据库中的用户表和窗体之间关联起来,采用如下方法:将数据源中的"用户"拖动到登录窗体中,此时窗体中会出现数据浏览表格和一行数据浏览按钮,同时也可以看到窗体中自动添加了 ExamDataSet(数据集控件)、用户 BindingSource(数据源绑定对象控件)、用户 TableAdapter (数据适配器控件)等控件。

因为窗体界面中不需要使用多余的数据浏览表格和数据浏览按钮,将之删除。其他界面中的控件直接从工具箱中创建,此时,其设计界面如图 3.5.6 所示,注意要将密码对应的文本框显示为 *。

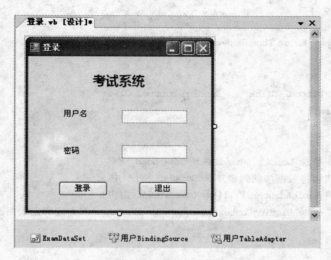

图 3.5.6 登录窗体模块设计界面

代码设计时要查找判断用户名和密码是否和数据库中的用户表相应内容相同,其中 ExamDataSet.Tables("用户").Rows(mybind.Position).Item(0)表示用户名字段, ExamDataSet.Tables("用户").Rows(mybind.Position).Item(1)表示密码字段。

程序代码如下:

```
Public Class 登录
    Private mybind As BindingManagerBase                '定义绑定对象

'登录按钮单击事件
    Private Sub Button1_Click(...) Handles Button1.Click
        Dim i As Integer
        Dim flag = False
        mybind.Position = 0
        For i = 0 To mybind.Count - 1
            If ExamDataSet.Tables("用户").Rows(mybind.Position).Item(0) = TextBox1.Text And ExamDataSet.Tables("用户").Rows(mybind.Position).Item(1) = TextBox2.Text Then
                                                         '是合法用户则成功登录
                主界面.考试 ToolStripMenuItem.Enabled = True
                                                         '主界面中的考试菜单项可以使用了
                主界面.阅卷管理 ToolStripMenuItem.Enabled = True
```

```
                        主界面.阅卷 ToolStripMenuItem1.Enabled = False
                        flag = True
                        user = TextBox1.Text
                        主界面.Text = "考试系统                                          考试者:" & user
                        Me.Close()
                        MsgBox("欢迎进入考试系统",,"登录")
                        主界面.登录 ToolStripMenuItem.Enabled = False
                    Else
                        mybind.Position += 1
                    End If
                Next
                If flag = False Then MsgBox("用户名或者密码错误!")
            End Sub

            Private Sub Button2_Click(...) Handles Button2.Click
                Me.Close()
            End Sub

            Private Sub 登录_Load(...) Handles MyBase.Load
                '这行代码将数据加载到表"ExamDataSet.用户"中.
                Me.用户 TableAdapter.Fill(Me.ExamDataSet.用户)
                mybind = Me.BindingContext(Me.用户 BindingSource) '指定绑定数据源
            End Sub
        End Class
```

3.5.6 设置窗体模块

设置模块主要用来完成考试总时间和考试总题数的设置,需要用到题目表的总题数,所以也需要将题目表和设置窗体关联起来。用登录窗体同样的方法,拖动数据源中的"题目"到窗体中,使自动加入 ExamDataSet、题目 BindingSource、题目 TableAdapter 等控件。其他控件使用工具箱创建。窗体设计界面如图 3.5.7 所示。

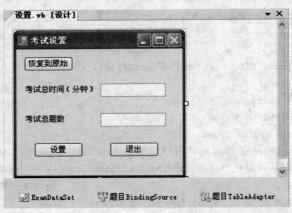

图 3.5.7 设置窗体模块设计界面

设置窗体运行时要求在考试总题数处显示"＜n"（其中 n 为题目总题数），如图 3.5.8 所示，"恢复到原始"按钮可以设置考试总时间为 60 分钟，总题数为 10 题。可以修改文本框信息，单击"设置"按钮进行设置。如图 3.5.8 所示。

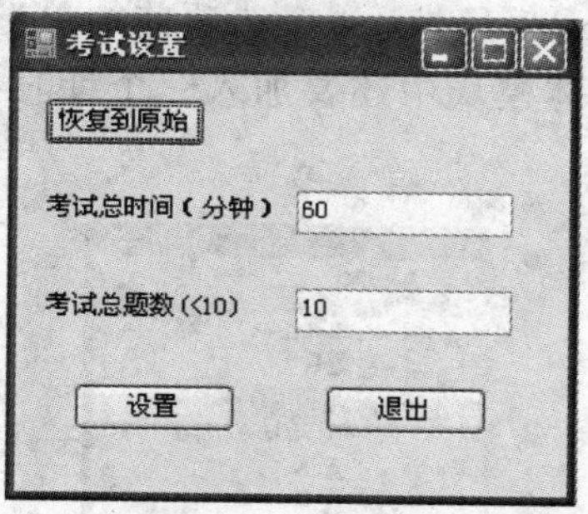

图 3.5.8 设置窗体模块运行界面

程序代码如下：

```
Public Class 设置
    Private mybind As BindingManagerBase

    Private Sub 设置_Load(...) Handles MyBase.Load
        Me.题目TableAdapter.Fill(Me.ExamDataSet.题目)
        mybind = Me.BindingContext(Me.题目BindingSource)
        If count = 0 Then count = mybind.Count
        TextBox1.Text = totaltime / 60
        TextBox2.Text = count
        Label2.Text &= "(<" & mybind.Count & ")"
    End Sub

    Private Sub Button1_Click(...) Handles Button1.Click
        totaltime = TextBox1.Text * 60
        count = TextBox2.Text
        MsgBox("设置成功", , "考试设置")
    End Sub

    Private Sub Button2_Click(...) Handles Button2.Click
        TextBox1.Text = 60                        '恢复成预定 1 个小时
        TextBox2.Text = mybind.Count              '恢复成题目表中题目量总数
    End Sub

    Private Sub Button3_Click(...) Handles Button3.Click
        Me.Close()
    End Sub
End Class
```

3.5.7 考试窗体模块

考试模块就是用户进行考试的答题模块。该窗体主要的创建步骤：新建考试窗体后，在数据源窗口,展开题目表,单击题号右边的下拉列表框,选择 Label 选项。同样地,将 A、B、C、D、分值等字段的窗体显示方式也设置为标签,如图 3.5.9 所示。将题号、题目、A、B、C、D、分值等字段拖动到窗体中,按图 3.5.10 布局好,其中题目右边的文本框需要设置 ReadOnly、Multiline、ScrollBars 等属性。4 个选项前的单选按钮需要自己添加,并且将其 TEXT 属性设置为空。考试窗体模块中还要加入一个计时器,用来倒计时,其他设计界面如图 3.5.10 所示。

图 3.5.9　数据源中的题目数据表

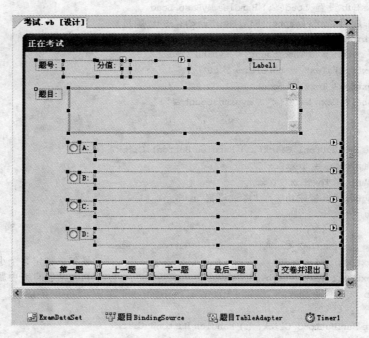

图 3.5.10　考试窗体模块设计界面

考试系统运行时,考试时间会显示倒计时时间,考试时间到只剩 5 分钟时,会出现交卷提示,考试时间到了会自动交卷。单击 ABCD 选项前的单选按钮进行答题,再单击"下一题"按钮继续做题。单击"上一题"按钮可显示已经做过题的原来选定的答案,并且可以即时修改。全部完成后单击"交卷并退出"按钮考试结束。考试窗体模块运行如图 3.5.11 所示。

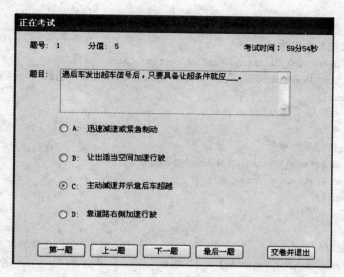

图 3.5.11　考试窗体模块运行界面

程序代码参考如下：

```
Public Class 考试
    Private mybind As BindingManagerBase
    Dim totaltime1 As Integer                               '用来倒计时
    Private Sub 考试_Load(...) Handles MyBase.Load
        主界面.考试管理 ToolStripMenuItem.Enabled = False
        主界面.登录 ToolStripMenuItem.Enabled = False
        totaltime1 = totaltime
        Label1.Text = "考试时间：" & Str(totaltime1 \ 60) & "分" & CStr(Int((totaltime1 Mod 60))) & "秒"
        Timer1.Interval = 1000
        Timer1.Enabled = True
        Me.题目TableAdapter.Fill(Me.ExamDataSet.题目)
        mybind = Me.BindingContext(Me.题目BindingSource)
        If count = 0 Then count = mybind.Count
        totalscore = 0
    End Sub

    '第一题按钮单击事件
    Private Sub Button1_Click(...) Handles Button1.Click
        mybind.Position = 0
        ischeck()
    End Sub

    '上一题按钮单击事件
    Private Sub Button2_Click(...) Handles Button2.Click
        If mybind.Position > 0 Then mybind.Position -= 1
        ischeck()
```

```vb
        End Sub

    '下一题按钮单击事件
    Private Sub Button3_Click(...) Handles Button3.Click
        If mybind.Position < count - 1 Then mybind.Position += 1
        ischeck()
    End Sub

    '最后一题按钮单击事件
    Private Sub Button4_Click(...) Handles Button4.Click
        mybind.Position = count - 1
        ischeck()
    End Sub

    Sub ischeck()                                           '单选按钮回显,使得答案和单选按钮对应起来
        If answer(mybind.Position) = "" Then
            RadioButton1.Checked = False
            RadioButton2.Checked = False
            RadioButton3.Checked = False
            RadioButton4.Checked = False
        ElseIf answer(mybind.Position) = "A" Then
            RadioButton1.Checked = True
        ElseIf answer(mybind.Position) = "B" Then
            RadioButton2.Checked = True
        ElseIf answer(mybind.Position) = "C" Then
            RadioButton3.Checked = True
        ElseIf answer(mybind.Position) = "D" Then
            RadioButton4.Checked = True
        End If
    End Sub

    '交卷并退出按钮单击事件
    Private Sub Button5_Click(...) Handles Button5.Click
        Dim a%
        a = MsgBox("确定要交卷吗", MsgBoxStyle.OkCancel, "交卷")
        If a = vbOK Then
            jiaojuan()
        End If
    End Sub

    Sub jiaojuan()                                          '交卷
        Dim i As Integer
        ' 主界面.系统登录 ToolStripMenuItem.Enabled = True
        主界面.阅卷管理 ToolStripMenuItem.Enabled = True
        主界面.阅卷 ToolStripMenuItem.Enabled = True
        Me.Close()
        time = Now()                                        '记录交卷时间
```

```vbnet
        For i = 0 To count - 1                          '计算总的分值
            totalscore += ExamDataSet.Tables("题目").Rows(i).Item(7)
        Next
    End Sub


    '计时器事件,用来倒计时
    Private Sub Timer1_Tick(...) Handles Timer1.Tick
        Dim a%
        Label1.Text = "考试时间:" & Str(totaltime1 \ 60) & "分" & CStr(Int((totaltime1 Mod 60))) & "秒"
        totaltime1 = totaltime1 - 1
        If totaltime1 = 300 Then
            a = MsgBox("请在五分钟之内交卷,确定交卷吗", MsgBoxStyle.OkCancel, "警告")
            If a = vbOK Then
                jiaojuan()
            End If
        End If
        If totaltime1 = 0 Then jiaojuan()
    End Sub


    '单选按钮单击共享事件
    Private Sub RadioButton1_Click(...) Handles RadioButton1.Click, RadioButton2.Click, RadioButton3.Click, RadioButton4.Click
        If RadioButton1.Checked Then
            answer(mybind.Position) = "A"
        ElseIf RadioButton2.Checked Then
            answer(mybind.Position) = "B"
        ElseIf RadioButton3.Checked Then
            answer(mybind.Position) = "C"
        ElseIf RadioButton4.Checked Then
            answer(mybind.Position) = "D"
        End If
        correct()
    End Sub

    Sub correct()                                        '判断答题是否正确
        If Trim(ExamDataSet.Tables("题目").Rows(mybind.Position).Item(6)) = answer(mybind.Position) Then
            score(mybind.Position) = ExamDataSet.Tables("题目").Rows(mybind.Position).Item(7)
        Else
            score(mybind.Position) = 0
        End If
    End Sub
End Class
```

3.5.8 阅卷窗体模块

阅卷模块主要是此次统计考试的得分,并且可以选择是否保存此次得分。阅卷模块的界面设计如图 3.5.12 所示,运行界面如图 3.5.13 所示。如果单击"保存此次分数"按钮,则将结果保存在文件 score.txt 中,以便日后查看。

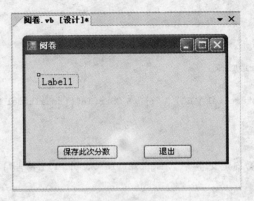

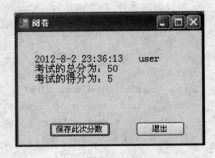

图 3.5.12 阅卷窗体模块设计界面　　图 3.5.13 阅卷窗体模块运行界面

阅卷程序代码如下:

```
Public Class 阅卷
    Dim s As Integer
    Private Sub 阅卷_Load(...) Handles MyBase.Load
        For i As Integer = 0 To 100
            s = s + score(i)
        Next
        Label1.Text = time & " " & user & vbCrLf
        Label1.Text &= "考试的总分为: " & totalscore & vbCrLf
        Label1.Text &= "考试的得分为: " & s
    End Sub

    Private Sub Button1_Click(...) Handles Button1.Click
        FileOpen(1, "score.txt", OpenMode.Append)
        WriteLine(1, time, user, totalscore, s)
        FileClose()
        MsgBox("保存成功", , "保留分数")
    End Sub

    Private Sub Button2_Click(...) Handles Button2.Click
        Me.Close()
    End Sub
End Class
```

3.5.9　错误查看窗体模块

错误查看窗体模块主要用来查看做错的题,设计界面如图 3.5.14 所示。该界面与考试界面有些类似,可以复制考试模块,再进行修改。

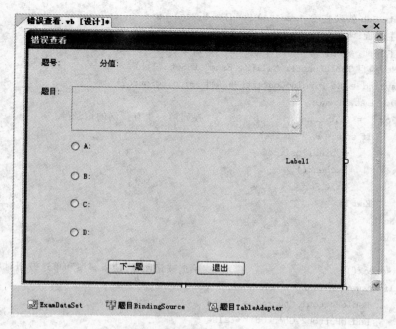

图 3.5.14　错误查看窗体模块设计界面

程序运行时，错误查看界面如图 3.5.15 所示。Label1 用来显示正确或者错误，"下一题"按钮用来显示错误的下一题。当想要当场订正错误时，可单击正确选项按钮 B，原来 Label1 显示"错误"会变成"正确"。

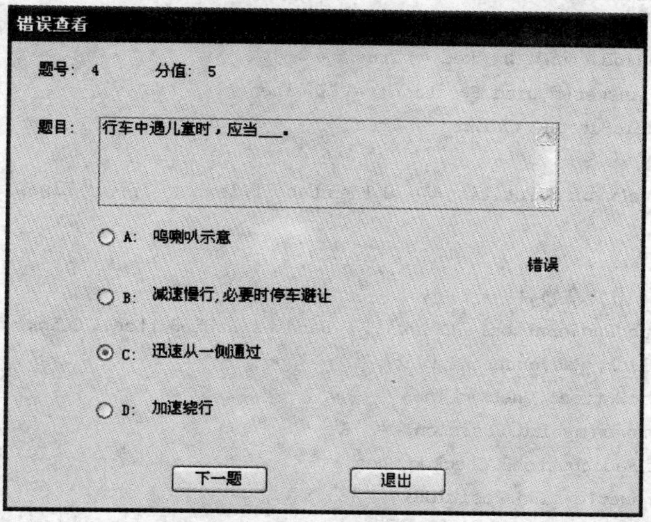

图 3.5.15　错误查看窗体模块运行界面

错误查看程序代码如下：

Public Class 错误查看
　　Private mybind As BindingManagerBase

```vbnet
Private Sub 错误查看_Load(...) Handles MyBase.Load
    主界面.考试管理ToolStripMenuItem.Enabled = False
    主界面.系统管理ToolStripMenuItem.Enabled = False
    Me.题目TableAdapter.Fill(Me.ExamDataSet.题目)
    mybind = Me.BindingContext(Me.题目BindingSource)
    Dim i As Integer
    For i = 0 To count                    '找到第一个有错误的记录号
        If score(i) = 0 Then
            mybind.Position = i
            ischeck()
            Exit For
        End If
    Next
End Sub


Sub ischeck()                             '单选按钮回显,使得答案和单选按钮对应起来
    If answer(mybind.Position) = "" Then
        RadioButton1.Checked = False
        RadioButton2.Checked = False
        RadioButton3.Checked = False
        RadioButton4.Checked = False
    ElseIf answer(mybind.Position) = "A" Then
        RadioButton1.Checked = True
    ElseIf answer(mybind.Position) = "B" Then
        RadioButton2.Checked = True
    ElseIf answer(mybind.Position) = "C" Then
        RadioButton3.Checked = True
    ElseIf answer(mybind.Position) = "D" Then
        RadioButton4.Checked = True
    End If
    If score(mybind.Position) = 0 Then Label1.Text = "错误" Else Label1.Text = "正确"
End Sub


'单选按钮单击共享事件
Private Sub RadioButton1_Click(...) Handles RadioButton1.Click, RadioButton2.Click, RadioButton3.Click, RadioButton4.Click
    If RadioButton1.Checked Then
        answer(mybind.Position) = "A"
    ElseIf RadioButton2.Checked Then
        answer(mybind.Position) = "B"
    ElseIf RadioButton3.Checked Then
        answer(mybind.Position) = "C"
    ElseIf RadioButton4.Checked Then
        answer(mybind.Position) = "D"
    End If
    correct()
    If score(mybind.Position) = 0 Then Label1.Text = "错误" Else Label1.Text = "正确"
```

```
        End Sub

        Sub correct()                              '判断答题是否正确
            If Trim(ExamDataSet.Tables("题目").Rows(mybind.Position).Item(6)) = answer
(mybind.Position) Then
                score(mybind.Position) = ExamDataSet.Tables("题目").Rows(mybind.Position).Item(7)
            Else
                score(mybind.Position) = 0
            End If
        End Sub

    '下一题按钮单击事件
    Private Sub Button1_Click(...) Handles Button1.Click
        Static i As Integer                        '定义为静态变量,每次单击后不消失
        Dim j As Integer
        i = mybind.Position + 1
        For j = i To count - 1
            If score(j) = 0 Then                   '有错误的话
                mybind.Position = j                '做错的题位置
                ischeck()
                Exit For
            End If
        Next
    End Sub

    Private Sub Button2_Click(...) Handles Button2.Click
        主界面.系统管理 ToolStripMenuItem.Enabled = True
        Me.Close()
    End Sub
End Class
```

3.5.10 成绩查看窗体模块

成绩查看模块显示的是阅卷模块中单击"保存此次分数"按钮后存储的结果,打开原来保存的文件 score.txt,读出到窗体标签中显示即可。运行界面如图 3.5.16 所示。

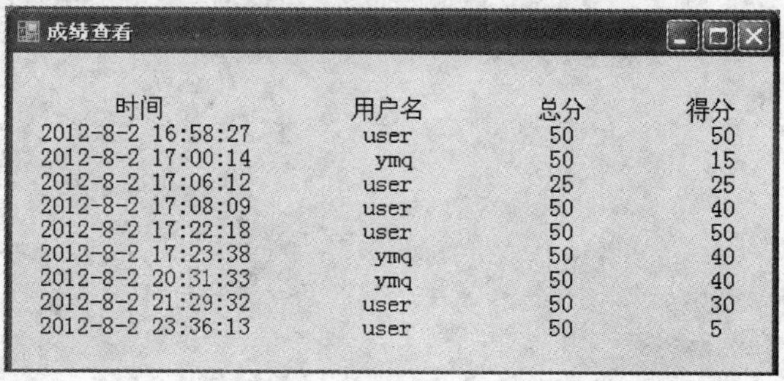

图 3.5.16 成绩查看窗体模块运行界面

程序代码如下：

```vbnet
Public Class 成绩查看

    Private Sub 成绩查看_Load(...) Handles MyBase.Load
        FileOpen(1, "score.txt", OpenMode.Input)
        Dim username As String, score1, totalscore1 As Integer
        username = ""
        Dim time1 As Date
        Label1.Text = " 时间     用户名        总分        得分" & vbCrLf
        Do While Not EOF(1)
            Input(1, time1)
            Input(1, username)
            Input(1, totalscore1)
            Input(1, score1)
            Label1.Text &= time1 & Space(13 - Len(username)) & username & Space(15 - Len(totalscore1)) & totalscore1 & Space(15 - Len(score1)) & score1 & vbCrLf
        Loop
        FileClose()
    End Sub
End Class
```

第四部分 综合练习题

一、单项选择题

1. 一只白色的足球被踢进球门,则白色、足球、踢、进球分别是_____。
   A. 属性、对象、方法、事件
   B. 属性、对象、事件、方法
   C. 对象、属性、方法、事件
   D. 属性、方法、对象、事件
2. 对象是_____的一个实例。
   A. 类　　　　　B. 事件　　　　　C. 属性　　　　　D. 事物
3. 在默认设置下,代码中关键字的颜色为_____。
   A. 绿色　　　　B. 蓝色　　　　　C. 红色　　　　　D. 黑色
4. 要使窗体上多个控件向左对齐,最简便的方法是_____。
   A. 用鼠标逐个移动
   B. 用键盘逐个移动
   C. 去掉窗体上的设计网格线
   D. 选中这些控件后使用对齐工具栏上的左对齐按钮
5. 在 BIN 文件夹中存放了_____。
   A. 项目源文件　　　　　　　　B. 已编译的可执行文件
   C. 调试文件　　　　　　　　　D. 解决方案文件
6. 所有控件都具有的属性是_____。
   A. Text　　　　B. Name　　　　C. Enabled　　　D. Font
7. 函数 Math.int(Rnd(1)*10+0.5)的取值范围为_____。
   A. [0,9)　　　B. [0,10)　　　C. [0,9]　　　　D. [0,10]
8. VB.NET 中的解决方案文件扩展名为_____。
   A. net　　　　B. sln　　　　　C. vb　　　　　　D. frm
9. 下列控件中,只有_____不具备 Visible 属性。
   A. 文本框　　　B. 命令按钮　　　C. 标签　　　　　D. 定时器
10. 以下_____不是代码编辑器的功能。
    A. 自动运行错误检查　　　　　B. 自动语法错误检查
    C. 自动列出成员　　　　　　　D. 语法着色
11. 关于事件的说法正确的是_____。

A. 事件是系统预定义好的、能够被对象识别的动作
B. 用户可以根据需要建立新的事件
C. 事件的名称可以由用户根据需要来改变
D. 不同类型的对象所能识别的事件一定不同

12. 利用 VS.NET 集成开发环境,可以_____。
    A. 编辑、调试、编译、运行应用程序
    B. 编辑 Word 文档
    C. 编辑、调试、运行应用程序
    D. 编辑、运行应用程序

13. 在设计时,属性一般是通过_____来设置的。
    A. 属性窗口　　　　　　　　　B. 代码窗口
    C. 主窗口　　　　　　　　　　D. 资源管理窗口

14. 以下关于属性设置的说法中,_____是正确的。
    A. 在属性窗口中可以设置所有属性的值
    B. 在程序代码中可以设置所有属性的值
    C. 属性的名称由 VB 事先定义,用户不能改变
    D. 所有对象的属性都是可见的

15. 能被对象所识别的动作与对象可执行的活动分别称为_____。
    A. 方法、事件　　B. 事件、方法　　C. 事件、属性　　D. 过程、方法

16. 在默认设置下,代码的颜色为_____时,表示该代码有语法错误。
    A. 绿色　　　　　B. 蓝色　　　　　C. 红色　　　　　D. 黑色

17. x=2^3:y=10\4:d=x*y:y=x:y=d,执行了上述语句后,y 的值为_____。
    A. 18　　　　　　B. 20　　　　　　C. 16　　　　　　D. 24

18. 程序中的错误通常可以分成 3 类:语法错误、运行错误和逻辑错误。其中_____比较容易排除,也是一种低级的错误。
    A. 语法错误　　　　　　　　　B. 运行错误
    C. 逻辑错误　　　　　　　　　D. 语法错误和运行错误

19. 下列关于面向对象程序设计的叙述错误的是_____。
    A. 对象具有属性、方法等特性
    B. 对象之间的通信产生了消息
    C. 一个对象是一个软件构造块,它包含数据与相关的操作
    D. 对象的属性不能被修改

20. 控件的 Enabled 属性值是_____类型的。
    A. 整型　　　　　B. 字符串　　　　C. 逻辑　　　　　D. 日期

21. 动画制作中,Timer 控件的 Interval 属性值的大小与动画运行的速度关系是_____
    A. 值越小,速度越快　　　　　B. 值越大,速度越快
    C. 二者没有关系　　　　　　　D. 以上都不正确

22. 将某窗体设置为父窗体时,必须将它的_____属性设置为 True。
    A. Enabled　　　B. Locked　　　C. TopMost　　　D. IsMdiContainer

23. 下列属于分支结构的语句是_____。
    A. Do While…Loop 语句　　　　　B. For…Next 语句
    C. Do…Loop While 语句　　　　　D. Select Case 语句
24. Dim aa(7)定义了_____个元素。
    A. 5　　　　　B. 6　　　　　C. 7　　　　　D. 8
25. 基本数据类型 Integer 占_____字节。
    A. 1　　　　　B. 2　　　　　C. 4　　　　　D. 8
26. 运行时设置属性一般是通过_____代码来实现的。
    A. 属性名＝表达式　　　　　B. 对象名.属性名＝表达式
    C. 表达式＝属性名　　　　　D. 属性名＝属性值
27. 一句语句分若干行书写时,要用空格加_____符连接。
    A. ":"　　　　　B. ";"　　　　　C. "_"　　　　　D. "-"
28. 改变_____的值,将会改变窗体标题栏上的内容。
    A. Text　　　　　B. Name　　　　　C. Font　　　　　D. Caption
29. 在 VS.NET 集成开发环境中,不能使用_____语言。
    A. VB.NET　　　　　B. C♯.NET　　　　　C. J♯.NET　　　　　D. Visual Foxpro
30. _____适合于想要将输入限制为列表中内容的情况。
    A. 列表框　　　　　B. 组合框　　　　　C. 文本框　　　　　D. 标签框
31. VB.NET 应用程序的开发由下列步骤构成：①代码编写②界面设计③属性设置④调试运行,其正确的开发顺序为_____。
    A. ①②③④　　　　　B. ②①③④　　　　　C. ②③①④　　　　　D. ④①②③
32. ComboBox 控件的 SelectedIndex 属性返回一个整数值,该值与选定的列表项相对应。当 SelectedIndex 值为 －1 时,表示
    A. 选定列表中的第一项。　　　　　B. 选定列表中的最后一项。
    C. 选定列表中的一个区域。　　　　　D. 未选定列表中的任何一项。
33. Timer 控件的时间间隔的长度由 Interval 属性定义,其值以_____为单位。
    A. 毫秒　　　　　B. 秒　　　　　C. 分　　　　　D. 时
34. 要在窗体上设计工具栏需添加_____控件对象。
    A. StatusBar　　　　　B. ToolBar　　　　　C. ToolTip　　　　　D. Button
35. VB.NET 中,所有包含 VB 代码的源文件的扩展名为_____。
    A. vb　　　　　B. frm　　　　　C. ocx　　　　　D. lib
36. 决定控件大小的属性是_____。
    A. Size　　　　　B. Top　　　　　C. Left　　　　　D. Location
37. 对于 PictureBox1.Image ＝ Image.FromFile("hat.jpg")的功能说法正确的是_____。
    A. 在程序执行阶段加载图片　　　　　B. 在程序执行阶段清除图片
    C. 在设计阶段加载图片　　　　　D. 在设计阶段清除图片
38. _____不是 VS.NET 集成环境中的窗口定位技术。
    A. 浮动　　　　　B. 停靠　　　　　C. 固定　　　　　D. 自动隐藏

39. 在多媒体程序设计中,常用 Timer 控件的_____事件以获取有关数据,如多媒体文件的播放时间。

    A. Tick   B. Click   C. DoubleClick   D. Play

40. 如果在窗体上有命令按钮 OK,在代码编辑器窗口有与之对应的 cmdOK_Click() 事件,则该按钮的名称与 Text 属性分别为_____。

    A. OK,cmdOK   B. cmd,OK   C. cmdOK,OK   D. OK,cmdOK

二、多项选择题

1. 可以组成变量名的有_____。

    A. 字母   B. 数字   C. 下划线   D. 汉字

2. 一个项目创建并调试运行完成后,在磁盘上解决方案文件夹中将自动创建_____文件夹。

    A. 项目名   B. bin   C. obj   D. debug

3. 在设计窗体时,要选择多个控件可以采用_____。

    A. Ctrl+A   B. 框选   C. Ctrl+鼠标单击   D. Shift+鼠标单击

4. 以下关于属性的说法中,正确的有_____。

    A. 任何属性都是可以修改的

    B. 属性的名称不能修改

    C. 属性的设置方法有设计时设置和运行时设置两种

    D. 所有对象都有 Name 属性

5. Label 控件用于显示_____。

    A. 用户能编辑的文本   B. 用户能编辑的图像

    C. 用户不能编辑的文本   D. 用户不能编辑的图像

6. 文本框的用途有_____。

    A. 实现文字输入   B. 实现密码输入

    C. 控制插入点位置   D. 高亮显示文本

7. 下列属于循环结构的语句是_____。

    A. For…Next 语句   B. Select Case 语句

    C. IF 语句   D. Do…Loop While 语句

8. 程序的基本结构是_____。

    A. 顺序结构   B. 分支结构   C. 循环结构   D. 递归结构

9. 找出下列数据中的常量_____。

    A. False   B. Gsxx   C. "Gsxx"   D. ♯03/04/1998♯

10. 组合框根据 DropDownStyle 属性值的不同,有_____。

    A. 简单组合框   B. 下拉组合框   C. 下拉列表框   D. 简单列表框

11. Button 控件的 Font 属性用于设置_____。

    A. Button 控件所显示的文本的字体。

    B. Button 控件所显示的文本的效果(如删除线或下划线)。

    C. Button 控件所显示的文本的大小。

D. Button 控件所显示的文本的字体样式。
12. 过程分为_____。
   A. Sub 过程　　　B. Function 过程　　C. 属性过程　　　D. 事件过程
13. VB.NET 集成开发环境启动后，界面上主要有_____。
   A. 工具箱　　　　B. 开发环境主窗口　C. 代码编辑器　　D. 资源管理窗口
14. 以下类型中属于数值型的有_____。
   A. Char　　　　　B. Short　　　　　　C. Integer　　　　D. Single
15. 下列属于分支结构的语句是_____。
   A. For…Next 语句　　　　　　　　　B. Select Case 语句
   C. IF 语句　　　　　　　　　　　　D. Do…Loop While 语句
16. 过程调用的参数传递时，要求实参与形参_____。
   A. 类型相同　　　B. 个数相同　　　　C. 名称相同　　　D. 位置一一对应
17. 找出下列数据中的变量_____。
   A. End　　　　　 B. SHGJJ　　　　　 C. True　　　　　 D. GS_dd
18. 程序中的错误通常可以分成_____。
   A. 语法错误　　　B. 运行错误　　　　C. 逻辑错误　　　D. 系统错误
19. 打开代码编辑器的方法有_____。
   A. 在资源管理窗口中单击"查看代码"按钮
   B. 双击窗体上的对象
   C. 右击窗体上的对象，选择"查看代码"
   D. 在视图菜单下选择"代码"命令
20. 在 VB.NET 中对话框控件可以设置_____对话框。
   A. 打开文件　　　B. 保存文件　　　　C. 颜色设置　　　D. 字体设置

三、判断题

1. 设 C 为字符型，A＝1，B＝"2"，执行 C＝A＋B 后 C 的值为字符 3。（　　）
2. 关键字又称是系统保留字，是具有固定含义和使用方法的字母组合，它可以作为变量名。（　　）
3. Label 控件可以自动调整自身大小以适应其标题。（　　）
4. 设计时设置的属性在程序运行期间其值不变的。（　　）
5. 逻辑运算中优先级最高的是 And 运算。（　　）
6. 实际参数的个数、类型和顺序，应该与被调用过程的形式参数相匹配，有多个参数时，用分号分隔。（　　）
7. 指定的启动窗体将会是在程序运行时第一个加载的窗体。（　　）
8. 任何属性都有一个默认的值。（　　）
9. 所有的 For 循环结构均可改写为 Do 循环。（　　）
10. 定义形参时，形参前面加上 ByVal 表示该形参是按值传递的形参。（　　）
11. 如果在 VB.NET 项目中包含了多个窗体，则必须指定一个窗体为启动窗体（默认的启动窗体为项目中第一个建立的窗体）。（　　）

12. Sub 过程执行动作,但是不返回值,所以,Sub 过程不能带有参数。(　　)
13. 定义形参时,形参前面加上 ByRef 表示该形参是按址传递的形参。(　　)
14. Timer 控件的 Enabled 属性的默认值为 True。(　　)
15. 文本框只能显示单行文本内容。(　　)
16. 在 VB.NET 应用程序开发过程中,属性设置一般应在代码编写之前。(　　)

四、程序填空题

1. Summ 过程是用于计算 1!+2!+…+10!,并打印出计算结果。Fact 函数过程用于计算 n!。

```
Public Function Fact (ByVal n As Integer) As Double
        Dim i As Integer, temp As Double
            _____①_____
        For i = 1 To n
            temp = temp * i
        Next i
            _____②_____
End Function
Public Sub Summ ()
        Dim sum As Double, i As Integer, n As Integer
        n = 10
        For i = 1 To n
            sum = sum + _____③_____
        Next i
        MsgBox("结果为:" & _____④_____ )
End Sub
Private Sub Form1_Load(...) Handles MyBase.Load
        Summation()
End Sub
```

2. Exp 过程是用于计算 e 的值并将结果输出,要求精确到 0.000000000000001,e 的计算公式为:e=1+1/1!+1/2!+…+1/n!。

```
Public Sub Exp()
        Dim n As Integer, term As Double, t As Double
        n = 0 : term = 1 : t = 1
        Do
            n = n + 1
            t = _____①_____
            term = _____②_____
        Loop While t > 0.000000000000001
        Label1.Text &= "e = " & _____③_____
End Sub
```

3. ComMulti 过程是求任意两个正整数的最小公倍数,求最小公倍数的一种方法是先求出两个数的最大公约数,两个数的乘积除以最大公约数的商即为最小公倍数。

```
Public Sub ComMulti()
        Dim m As Integer, n As Integer              '任意两个正整数
        Dim i As Integer
        Dim multi As Integer                        '最小公倍数
        '输入两个正整数,要求m与n都必须大于零
        Do
            m = Val(TextBox1.Text)
            n = Val(TextBox2.Text)
        Loop While ___①___
        multi = ___②___
        Label1.Text = m & "和" & n & "的最小公倍数是: " & multi
End Sub
'Div函数过程求任意两个正整数m和n的最大公约数
Public Function Div(ByVal m As Integer, ByVal n As Integer) As Integer
        '该函数过程用于求任意两个正整数的最大公约数.
        Dim i As Integer
        '先将两个整数中的较小数假设为最大公约数,再依次往下
        '寻找能同时除尽m和n的数即为最大公约数
            ___③___
        If n < m Then
            Div = n
        End If
        Do While m Mod Div <> 0 Or n Mod Div <> 0
            ___④___
        Loop
End Function
```

4. SeekNumber过程是用于在 1~10 000 的数中找出这样的数: 该数各个位的数字的阶乘相加之和等于该数,并将结果输出。

```
Public Sub SeekNumber()
        Dim k%, a$, n&, i%
        Dim p As Integer
        For k = 1 To 10000
            a = LTrim(Str(k))
            n = 0
            For i = 1 To ___①___
                p = Val(Mid(a, i, 1))
                n = ___②___
            Next i
            If n = k Then Label1.Text &= k & " "
        Next k
End Sub
'该函数用于计算阶乘
Function Fact(ByVal x As Integer) As Long
    Dim i%
    Fact = 1
```

```
        For i = 1 To x
                ③
        Next i
    End Function
```

5. SeekMax 过程是用于查找一批数据中的最大数,并打印出最大数的值及最大数在数组中的下标值。GenerateData 过程用于产生 30 个 1～500 的随机整数并 5 个一行打印出来。

```
Dim a(30) As Integer
    Public Sub SeekMax()
        Dim Position As Integer                         '最大数在数组中的下标
        Dim max As Integer                              '最大数
        Dim i As Integer
        GenerateData()
        max =      ①
        Position =      ②
        For i = 2 To 30
            If a(i) > max Then
                max =      ③
                Position =      ④
            End If
        Next i
        Label1.Text &= "最大值=" & Str(max)
        Label1.Text &= "最大值的下标=" & Str(Position)
    End Sub
    Public Sub GenerateData()
        Dim i As Integer
        For i = 1 To 30
            a(i) = Int(500 * Rnd() + 1)
            Label1.Text &= a(i) & Space(6 - Len(Trim(a(i))))
            If i Mod 5 = 0 Then Label1.Text &= vbCrLf
        Next i
    End Sub
Private Sub Form1_Load(...) Handles MyBase.Load
        SeekMax()
End Sub
```

6. Search 过程是用于在一个字符串变量中查找"at",并用消息框给出查找结果的报告:没有找到或找到的个数。

```
Public Sub Search()
    '在字符串 str1 中查找"at"
    Dim str1 As String
    Dim length As Integer                               '字符串长度
    Dim sum As Integer                                  '查到的个数
    Dim i As Integer
    str1 = InputBox("请输入一个字符串")
```

```
        length =      ①
        i = 1
        sum = 0
        Do While i <=      ②
            If      ③      = "at" Then
                sum = sum + 1
            End If
            i = i + 1
        Loop
        If      ④      Then
            MsgBox("没有找到!")
        Else
            MsgBox("找到了" & Str(sum) & "个")
        End If
End Sub
```

7. findstr 过程通过调用 matchCount 函数计算子串 s2 在母串 s1 中匹配的次数。

```
Public Sub findstr()
        Dim s1 As String, s2 As String
        s1 = "it is a dog,but it is not a good dog! "    '母串
        s2 = "dog"                                        '子串
        Label1.Text =      ①
End Sub
Function matchCount(ByVal str1 As String, ByVal str2 As String) As Integer
        '本函数计算子串 str2 在母串 str1 中的匹配次数
        Dim num As Integer, i As Integer, pos As Integer
        num = 0
        For i = 1 To      ②                               '从第一个字符开始循环找
            pos =      ③
            If pos > 0 Then                               '找到了指定的字符串
                num = num + 1                             '次数加
                str1 =      ④                             '继续向前找
            Else
                Exit For                                  '没找到,退出
            End If
        Next i
        matchCount = num
End Function
```

8. Diamond 过程用于打印数字金字塔。

```
      1
     222
    33333
   4444444
  555555555
   6666666
    77777
     888
      9
```

```
Public Sub Diamond()
    Dim i As Integer
    Dim j As Integer
    Dim start As Integer                    '每行起始空格数
    Dim num As Integer                      '每行数字个数
    For i = 1 To 9
        If ____①____ Then
            start = 20 - i
            num = 2 * i - 1
        Else
            start = 10 + i
            num = 19 - 2 * i
        End If
        Label1.Text &= Space(start)
        For j = 1 To ____②____
            Label1.Text &=   ____③____
        Next j
        Label1.Text &= vbCrLf
    Next i
End Sub
```

9. Dissociation 过程是找出一个大于 4 的偶数的所有不重复的素数分解式,从键盘输入一个大于 4 的偶数,将它所有的不重复的分解式求出,以证明一个偶数可以分解为两个素数之和。Isprime 函数过程是判断一个数是否素数。

```
Public Sub Dissociation()
    Dim x As Integer
    Dim i As Integer
    Do While ____①____                      '保证 x 是大于 4 的偶数
        x = Val(InputBox("x = "))
    Loop
    For i = 3 To x / 2 Step 2                '在不大于 x 的奇数中找素数对
        If ____②____ Then
            Label1.Text &= x & " = " & i & " + " & x - i & vbCrLf
        End If
    Next i
End Sub
Public Function Isprime(ByVal x As Integer) As Boolean
    Dim i As Integer
    ____③____
    For i = 2 To x - 1
        If ____④____ Then
            Isprime = False
            Exit For
        End If
    Next i
End Function
```

10. InsertNumber 过程随机产生 9 个 1~100 的整数数组，并按从小到大的顺序进行排序。再从键盘输入一个正数，找到该数在原来 9 个数中的插入点使得该数插入数组后，数组的 10 个数依然是从小到大的顺序。

```
Public Sub InsertNumber()
    Dim x(10) As Integer, i As Integer, j As Integer
    Dim temp As Integer, ins As Integer, pos As Integer
    Randomize()
    For i = 1 To 9
        x(i) = _____①_____                           '随机产生 1~100 的整数
    Next i
    For i = 1 To 8
        For j = i + 1 To 9
            If x(i) > x(j) Then
                temp = x(i)
                x(i) = x(j)
                x(j) = temp
            End If
        Next j
    Next i
    '输出排序后的数组
    For i = 1 To 9
        Label1.Text &= x(i) & " "
    Next i
    Label1.Text &= vbCrLf
    '从键盘输入一个正数
    Do
        ins = Val(InputBox("ins = "))
    Loop Until ins > 0
    '将输入的数插入数组中
    pos = 1
    For i = 1 To 9
         _____②_____
        pos = i + 1
    Next i
    For j = 9 To pos Step -1
         _____③_____
    Next j
         _____④_____
    '输出插入后的数组
    For i = 1 To 10
        Label1.Text &= x(i) & " "
    Next i
    Label1.Text &= vbCrLf
End Sub
```

11. CharSort 过程是对字符串进行整理，首先从键盘上输入一个任意字符串，而后将该字符串的所有组成字符拆分开，再按照字符的 ASCII 码从小到大的顺序将这些字符重新组成新的字符串，例如输入 a4fkze5，重新组合的字符串为 45aefkz。

```
Public Sub CharSort()
    Dim x As String                          '原始字符串
    Dim y As String                          '重新组合的字符串
    Dim c() As String                        '拆分出的字符
    Dim k As Integer                         '字符串长度
    Dim i As Integer, j As Integer
    Dim temp As String
    x = InputBox("输入一个字符串")
    k = _____①_____
    ReDim c(k)
    '字符串拆分
    For i = 1 To k
        c(i) = _____②_____
    Next i
    '字符排序
    For i = 1 To k - 1
        For j = _____③_____
            If c(i) > c(j) Then
                temp = c(i)
                c(i) = c(j)
                c(j) = temp
            End If
        Next j
    Next i
    '排序后的字符组成新字符串
    y = ""
    For i = 1 To k
        y = y & c(i)
    Next i
    Label1.Text &= "原始字符串" & x
    Label1.Text &= "重新组合的字符串" & y
End Sub
```

12. MaxAverage 过程用于查找一个 5 行 4 列的二维数组中行平均值最大的行，并将该行所有数据调整到第一行的位置。CreateData 过程用于产生原始数据；LineAverage 过程用于计算各行的平均值；PrintArray 过程用于打印二维数组和行平均值。

```
Dim a(5, 4) As Integer
Dim ave(5) As Integer
Public Sub MaxAverage()
    Dim i As Integer
    Dim j As Integer
    Dim temp As Integer
    Dim Line_no As Integer          '最大平均值的行号
```

```
        '找出最大平均值所在行
        Line_no = 1
        For i = 2 To 5
            If _____①_____ Then
                _____②_____
            End If
        Next i
        '交换第一行与最大平均值所在行
        For j = 1 To 4
            temp = a(1, j)
            _____③_____
            a(Line_no, j) = temp
        Next j
        '交换对应行的平均值
        temp = ave(1)
        ave(1) = ave(Line_no)
        ave(Line_no) = temp
        '打印交换后的数据
        Label1.Text &= "交换后的数据和平均值" & vbCrLf
        PrintArray()
End Sub
Public Sub CreateData()
    Dim i As Integer
    Dim j As Integer
    '产生 5 * 4 数组
    For i = 1 To 5
        For j = 1 To 4
            a(i, j) = Int(100 * Rnd)
        Next j
    Next i
End Sub
Public Sub LineAverage()
    Dim i As Integer
    Dim j As Integer
    Dim sum As Integer
    '计算各行平均值
    For i = 1 To 5
        sum = 0
        For j = 1 To 4
            _____④_____
        Next j
        ave(i) = sum / 4
    Next i
    '将数组和平均值打印出来
    Label1.Text &= ("原始数据和平均值") & vbCrLf
    PrintArray()
End Sub
Public Sub PrintArray()
    Dim i As Integer
    Dim j As Integer
    For i = 1 To 5
```

```
                For j = 1 To 4
                    Label1.Text &= a(i, j) & Space(3)
                Next j
                Label1.Text &= "平均值 = " & ave(i) & vbCrLf
            Next i
        End Sub
        Private Sub Form1_Load(...) Handles MyBase.Load
            CreateData()
            LineAverage()
            MaxAverage()
        End Sub
```

五、程序设计题

1. 在输入对话框输入 x,根据下式计算对应的 y,并在窗体上输出 y 的值。注：程序写在命令按钮 Command1 的 Click 事件中。

$$y = \begin{cases} \sqrt{x} + \sin x & x > 10 \\ 0 & x = 10 \\ 2x^3 + 6 & x < 10 \end{cases}$$

2. 编写事件过程 Command1_Click,计算下式的和,变量 x 与 n 的数值在输入对话框中输入。

$$S = \frac{x}{2!} + \frac{x^2}{3!} + \cdots + \frac{x^n}{(n+1)!}$$

3. 要求单击窗体后,在窗体上显示如下图案：

4. 编制一个名为 Command1 的按钮的单击事件过程,该过程完成如下工作：用 InputBox 依次分别从键盘输入 10 个整数,并保存到名为 Num 的数组中,然后将这 10 个整数按升序排列,且仍保存在原数组中,最后将这 10 个已排好序的整数显示在窗体上。

5. 编制一个函数 Sxh(),检验一个数是否为"水仙花数",若是返回 1,否则返回 0。所谓"水仙花数"是指一个 3 位数,其各位数字立方和等于该数本身。在按钮中调用该函数,输出 1~1000 之间的水仙花数。

6. 编制一 SUB 过程,用于在 Single 类型一维数组中找出其最大值、最小值。使用按钮事件过程调用该过程。

7. 单击命令按钮,求 3~100 之间的所有素数并统计个数。同时将这些素数从小到大依次写入顺序文件 E:\dataout.txt,素数的个数显示在窗体 Form1 上。

8. 产生[1,20]的整数放入 A(4,4)数组构成一 4×4 矩阵,然后要求将上三角的值置为 0,

单击窗体后在窗体上打印出来。

9. 编制一个名为 Command1 的按钮的单击事件过程,该过程完成如下工作:用 InputBox 从键盘输入一个字符串,然后将该字符串按逆序保存到名为 File.txt 的文件中。

10. 用户界面如图 4.1.1 所示,用于实现左右两个组合框中数据的左移和右移功能。程序开始运行时,在左边组合框(ComboBox1)中生成 10 个由小到大排列的随机 3 位正整数(假设在设计阶段该组合框的 Sorted 属性值已设置为 True),现要求完成:

(1) 单击">>"按钮(Button2),左边组合框中的 10 个数全部移到右边组合框(ComboBox2),并由大到小排列,同时使"<<"按钮能响应,">>"按钮不能响应。

(2) 单击"<<"按钮(Button1),右边组合框中的 10 个数全部移到左边组合框,并由小到大排列,同时使">>"按钮能响应,"<<"按钮不能响应。

(3) 单击"结束"按钮,结束程序运行。

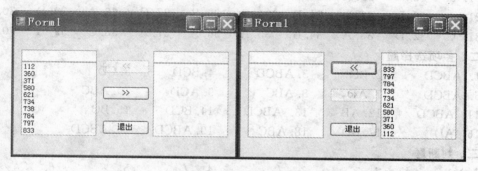

图 4.1.1 组合框应用

11. 编写程序,界面设计、运行时状态如图 4.1.2 所示,按照下列要求定义各事件过程:

(1) 在窗体的 Load 事件过程中设置计时器控件 Timer1 的 Enabled 属性为 False、响应的时间间隔为 1 秒。

(2) 单击 Command1 后计时器开始计时,每隔 1 秒刷新一次控件 textbox1~textbox4 在窗体上所显示的当前时间以及计时开始后所经过的时间。

12. 按照下列要求和规定的步骤编程:

(1) 编制函数过程 sum,用于计算 1 个整数的各位数字之和(如引用 sum(132) 的结果是 6,引用 sum(-23) 的结果是 5……)。

图 4.1.2 计时器应用

(2) 编写事件过程 Command1_Click,完成下列运算:

① 输入 10 个数到整型数组 a。

② 将 a(1) 各位数字和赋值到 b(1)、a(2) 各位数字和赋值到 b(2)、……、a(10) 各位数字和赋值到 b(10)【要求调用函数 sum 实现】。

③ 在窗体上以一行输出 a 数组各元素值(保持原输入值不变)。

④ 在窗体上以一行输出 b 数组各元素值。

第四部分综合练习题参考答案

一、单项选择题

1. B 2. A 3. B 4. D 5. B 6. B 7. D 8. B 9. D 10. A
11. A 12. A 13. A 14. C 15. B 16. B 17. C 18. A 19. D 20. C
21. A 22. D 23. D 24. D 25. C 26. B 27. C 28. A 29. D 30. A
31. C 32. D 33. A 34. B 35. A 36. A 37. A 38. C 39. A 40. C

二、多项选择题

1. ABCD 2. BC 3. ABCD 4. BCD 5. CD
6. ABCD 7. AD 8. ABC 9. ACD 10. ABC
11. ABCD 12. AB 13. ABCD 14. BCD 15. BC
16. AD 17. BD 18. ABC 19. ABCD 20. ABCD

三、判断题

1. × 2. × 3. √ 4. √ 5. × 6. ×
7. √ 8. √ 9. √ 10. × 11. √ 12. ×
13. √ 14. × 15. × 16. √

四、程序填空题

1. ① temp = 1   ② Fact = temp   ③ Fact(i)   ④ sum
2. ① 1 / ((1 / t) * n)   ② term + t   ③ term
3. ① m <= 0 Or n <= 0   ② m * n / Div(m, n)   ③ Div = m   ④ Div -= 1
4. ① Len(a)   ② n + Fact(p)   ③ Fact *= i
5. ① a(1)   ② 1   ③ a(i)   ④ i
6. ① Len(str1)   ② length   ③ Mid(str1, i, 2)
   ④ sum = 0
7. ① matchCount(s1, s2)   ② Len(str1)
   ③ InStr(str1, str2)   ④ Mid(str1, pos + Len(str2))
8. ① i <= 5   ② num   ③ i
9. ① x <= 4 Or x Mod 2 <> 0   ② Isprime(i) And Isprime(x − i)
   ③ Isprime = True   ④ x Mod i = 0
10. ① Int(Rnd() * 100 + 1)   ② If x(i) > ins Then Exit For
    ③ x(j + 1) = x(j)   ④ x(pos) = ins
11. ① Len(x)   ② Mid(x, i, 1)   ③ i To k
12. ① ave(Line_no) <= ave(i)   ② Line_no = i   ③ a(1, j) = a(Line_no, j)
    ④ sum += a(i, j)

五、程序设计题

1.

```
Private Sub Button1_Click(...) Handles Button1.Click
    Dim x, y As Single
    x = Val(InputBox("x = ", "请输入数据"))
    Select Case x
        Case Is > 10
            y = Math.Sqrt(x) + Math.Sin(x)
        Case 10
            y = 0
        Case Else
            y = 2 * x ^ 3 + 6
    End Select
    Label1.Text = "y = " & y
End Sub
```

2.

```
Private Sub Button1_Click(...) Handles Button1.Click
    Dim n, i As Integer
    Dim x As Single
    Dim s As Single, t As Long
    x = Val(InputBox("输入 x 的值"))
    n = Val(InputBox("输入 n 的值"))
    t = 1 : s = 0
    For i = 1 To n
        t = t * (i + 1)
        s = s + x ^ i / t
    Next i
    Label1.Text = "总和是: " & s
End Sub
```

3.

```
Private Sub Form1_Click(...) Handles Me.Click
    Const Num = 4
    Dim I As Integer
    For I = 1 To Num
        Label1.Text &= Space(20 - I) & StrDup(I * 2 - 1, "*") & vbCrLf
    Next
    For I = Num - 1 To 1 Step -1
        Label1.Text &= Space(20 - I) & StrDup(I * 2 - 1, "*") & vbCrLf
    Next
End Sub
```

4.

```
Private Sub Button1_Click(...) Handles Button1.Click
```

```
        Dim A(10), I, J, Temp As Integer
        For I = 1 To 10
            A(I) = InputBox("a(" + Str(I) + ")=")
        Next
        For I = 1 To 9
            For J = I + 1 To 10
                If A(I) > A(J) Then
                    Temp = A(I)
                    A(I) = A(J)
                    A(J) = Temp
                End If
            Next
        Next
        For I = 1 To 10
            TextBox1.Text &= A(I) & " "
        Next
End Sub
```

5.

```
Private Function Sxh(ByVal N As Integer) As Integer
    Dim A, B, C
    Dim T As Integer
    T = 0
    A = N \ 100
    B = (N Mod 100) \ 10
    C = N Mod 10
    If A ^ 3 + B ^ 3 + C ^ 3 = N Then
        T = 1
    End If
    Sxh = T
End Function
Private Sub Button1_Click(...) Handles Button1.Click
    Dim A(10), I, J, Temp As Integer
    For I = 1 To 1000
        If Sxh(I) = 1 Then TextBox1.Text &= I & " "
    Next
End Sub
```

6.

```
Private Sub find(ByVal a() As Single, ByVal n As Integer, ByRef max As Single, ByRef min As Single)
    Dim i As Integer
    max = a(1) : min = max
    For i = 2 To n
        If a(i) > max Then max = a(i)
        If a(i) < min Then min = a(i)
```

```
        Next
    End Sub
    Private Sub Button1_Click(...) Handles Button1.Click
        Dim A(10), I, max, min As Single
        TextBox1.Text = ""
        For I = 1 To 10
            A(I) = Int(Rnd() * 100 + 1)
            TextBox1.Text &= A(I) & " "
        Next
        find(A, 10, max, min)
        Label1.Text = "最大值为" & max & "最小值为" & min
    End Sub
```

7.

```
Private Sub Button1_Click(...) Handles Button1.Click
    FileOpen(1, "E:\dataout.txt", OpenMode.Output)
    Dim i, j, k, n As Integer
    For i = 3 To 100
        k = Math.Sqrt(i)
        For j = 2 To k
            If i Mod j = 0 Then Exit For
        Next j
        If j > k Then
            n = n + 1
            Write(1, i)
        End If
    Next i
    Label1.Text = "素数个数：" & n
    FileClose(1)
End Sub
```

8.

```
Private Sub Button1_Click(...) Handles Button1.Click
    Dim A(4, 4), I, J As Integer
    For I = 1 To 4
        For J = 1 To 4
            A(I, J) = Int(Rnd() * 20 + 1)
        Next J
    Next I
    For I = 1 To 4
        For J = 1 To 4
            If J >= I Then A(I, J) = 0
        Next J
    Next I
    For I = 1 To 4
        For J = 1 To 4
```

```
            Label1.Text &= A(I, J) & Space(5 - Len(Str(A(I, J))))
        Next J
        Label1.Text &= vbCrLf
    Next I
End Sub
```

9.

```
Private Sub Button1_Click(...) Handles Button1.Click
    Dim S As String, S0 As String
    Dim I As Integer
    S0 = InputBox("请输入: ")
    For I = Len(S0) To 1 Step -1
        S = S & Mid(S0, I, 1)
    Next
    FileOpen(1, "E:\File.txt", OpenMode.Output)
    Write(1, S)
    FileClose(1)
End Sub
```

10.

```
Private Sub Form1_Load(...) Handles MyBase.Load
    Dim i As Integer
    Button2.Enabled = True
    Button1.Enabled = False
    For i = 1 To 10
        ComboBox1.Items.Add(Int(Rnd() * 900) + 100)
    Next i
    ComboBox2.Text = ""
End Sub
Private Sub Button2_Click(...) Handles Button2.Click
    Dim i As Integer, Last As Integer
    Last = ComboBox1.Items.Count - 1
    For i = 0 To Last
        ComboBox2.Items.Add(ComboBox1.Items(Last - i))
        ComboBox1.Items.RemoveAt(Last - i)
    Next i
    Button1.Enabled = True
    Button2.Enabled = False
End Sub
Private Sub Button1_Click(...) Handles Button1.Click
    Dim i As Integer, Last As Integer
    Last = ComboBox2.Items.Count - 1
    For i = 0 To Last
        ComboBox1.Items.Add(ComboBox2.Items(Last - i))
        ComboBox2.Items.RemoveAt(Last - i)
    Next i
```

```
        Button2.Enabled = True
        Button1.Enabled = False
    End Sub
    Private Sub Button3_Click(...) Handles Button3.Click
        End
    End Sub
```

11.

```
Dim k As Long
Private Sub Button1_Click(...) Handles Button1.Click
    Timer1.Enabled = True
End Sub
Private Sub Form1_Load(...) Handles MyBase.Load
    Timer1.Interval = 1000
    Timer1.Enabled = False
End Sub
Private Sub Timer1_Tick(...) Handles Timer1.Tick
    TextBox1.Text = TimeOfDay
    k = k + 1
    TextBox2.Text = k \ 3600
    TextBox3.Text = (k Mod 3600) \ 60
    TextBox4.Text = k Mod 60
End Sub
```

12.

```
Imports System.math
Public Class Form1
Private Sub Button1_Click(...) Handles Button1.Click
    Dim i As Integer
    Dim a(10) As Integer
    Dim b(10) As Integer
    Label1.Text = ""
    For i = 1 To 10
        a(i) = Val(InputBox("请输入数组元素 a(" & i & ")"))
        b(i) = sum(a(i))
        Label1.Text &= a(i) & Space(2)
    Next i
    Label1.Text &= vbCrLf
    For i = 1 To 10
        Label1.Text &= b(i) & Space(2)
    Next i
End Sub
Function sum(ByVal n As Integer) As Integer
    Dim i As Single
    Dim s As String
    n = Abs(n)
```

```
            s = Trim(Str(n))
            sum = 0
            For i = 1 To Len(s)
                sum = sum + Val(Mid(s, i, 1))
            Next i
        End Function
    End Class
```

主要参考文献

1. 龚沛曾. Visual Basic.NET 实验指导与测试(第 2 版). 北京：高等教育出版社, 2010.
2. 刘钢. VB.NET 程序设计基础. 北京：高等教育出版社, 2008.
3. 陈建军. Visual Basic 6.0 实践指导. 北京：科学出版社, 2004.